建筑抗震·设备抗震问答

[日]建筑抗震研究会　编
陶新中　译
董新生　校

中国建筑工业出版社

编委 · 执笔者

主　编　安藤　纪雄（N. A 顾问 · 抗震综合安全机构理事）

主　审　木内　俊明（国土馆大学名誉教授 · 抗震综合安全机构副会长）

副主审　安藤　纪雄（N. A 顾问 · 抗震综合安全机构理事）

副主审　水上　邦夫（N · Y · K · 抗震综合安全机构会员）

插　图　濑谷　昌男（M · S 美术事务所 · 抗震综合安全机构会员）

执笔者

写在出版之际　木内　俊明（国土馆大学名誉教授 · 抗震综合安全机构副会长）
第 1 章　水上　邦夫（N · Y · K 株式会社 · 抗震综合安全机构会员）
第 2 章　水上　邦夫（N · Y · K 株式会社 · 抗震综合安全机构会员）
第 3 章　小山　博司（东京土壤调查株式会社 · 抗震综合安全机构会员）
第 4 章　濑谷　昌男（M · S 美术事务所 · 抗震综合安全机构会员）
第 5 章　平山　昌宏（芝浦工业大学 · 抗震综合安全机构会员）
第 6 章　安藤　纪雄（N.A 顾问 · 抗震综合安全机构理事）
第 7 章　堀尾佐喜夫（川崎设备工业株式会社 · 抗震综合安全机构会员）
第 8 章　铃木　俊之（东光电气设备工程株式会社）
第 9 章　岩城　正规（三菱电机楼宇技术服务株式会社）
第 10 章　安藤　纪雄（N.A 顾问 · 抗震综合安全机构理事）

写在出版之际

随着20世纪60年代日本经济的高速增长，以“东京奥林匹克运动会”的举办为契机，日本迎来了以东京等地为中心的高层建筑建设高峰与超高层建筑建设高峰的繁荣时期，与此同时，城市本身也呈现出空间过于密集的现象。这一期间日本发生了几次不同类型大地震，经过不断的反省，抗震标准的制定从“旧抗震标准”、“新抗震标准”到“最新抗震标准”不断得到补充完善，抗震效能逐渐提高。

案例之一就是1995年1月17日发生的以神户市为中心的“兵库县南部地震（阪神·淡路大地震，M7.3）”。那次“城市直下型”的大地震至今仍令人谈虎色变。该次地震造成罹难者6433人（其中死于火灾的559人）、倒塌房屋105000间、烧毁房屋7000间。灾害的罪魁祸首就是地震破坏引起的次生灾害——城市型“混合火灾”。“最新抗震标准”正是以此为鉴出台的。

总之,所谓大地震就是类似于1923年9月1日发生的“关东大地震(M7.9)”，造成罹难者及失踪者105000人、倒塌房屋128000余间、烧毁房屋447000间、海啸冲毁房屋868间的前所未有的巨大灾害。那次地震造成的创伤至今尚未愈合，于是就有了每年9月1日的“防灾日”。我们推测，如果相当于“关东大地震等级”的大地震再次袭击现在的建筑高层化的大城市，也许将会造成不同于关东大地震时的巨大灾害。

东京大学的名誉教授冈田恒男将1995年“兵库县南部地震”中建筑的受损情况概括为以下3类：

① 1981年(制定“新抗震标准”)后建设的建筑物与之前建设的建筑物相比，地震中遭受破坏的非常少。

② 应将已建建筑物的“抗震性能”提高到新建建筑物的水平。

③ 如果在地震发生前就进行抗震诊断及抗震加固修复，“地震灾害”就会降至最低。

最后，得出了“加强抗震诊断是不可缺少的一环”这一结论。

本书正是基于这一背景，以从事建筑设计（建筑非结构构件）、建筑结构以及建筑设备的设计、施工及维修管理等工作的相关人士，物业管理者及居住者为对象，采用Q&A（问答）的形式整理而成，是一本通俗易懂的普及读本。

本书主要是以中高层以上的办公楼、公寓楼，以及此类“已建建筑物”为对象编写的。另外，当发生“地震烈度6度强”的地震时，虽然震后建筑、设备的功能很难得到保障，但确保人员安全与防止次生灾害的发生也是本书编写的目的之一。

此外，为能帮助读者理解、掌握那些高深的“专业技术名词”，我们在本书的“目录”中增加了“名词解释”，并对其进行了通俗易懂的说明。若本书能在已建建筑物及建筑设备等采取的“抗震对策”方面对各位读者们有所帮助，将感到不胜荣幸。

木内俊明

2007年2月

目　录

第1章　关于地震问题的Q&A

第2章　关于建筑抗震诊断的Q&A

第3章 关于建筑结构的Q&A

第4章 关于建筑装修等的Q&A

第5章 关于设备共同事项的Q&A

第6章 关于空调换气设备的Q&A

第7章　关于给排水卫生设备的Q&A

第8章　关于电气设备的Q&A

第 9 章 关于升降机设备的 Q&A

第 10 章 关于地震防范工作的 Q&A

附录——相关资料

名词解释目录

第1章

关于地震问题的 Q&A

Question 1

为什么会发生地震?

Answer 地震是由地球岩石圈板块运动，即地球内部的变动引起的地壳运动造成的。地壳表面覆盖着十几块厚度数十千米至数百千米的板块（岩层），它们形成地表的陆地及海底。正如图 1.1 及图 1.2 中所示，板块自海底上升，一年之内以数厘米的速度运动着。下潜海沟的板块受到其他板块的强烈挤压使地壳产生形变，当板块的边界部分及板块内部的活动断层承受不住这种集中应力时，就会以释放积累应变能的形式使得板块边界错动、破坏而发生地震。伴随岩层的破坏能量释放就叫做地震。地震包括因海底板块错动伴有海啸发生（参见“名词解释”）的地震，以及因板块运动在块体边缘某些构造部位上发生应力集中和应变积累，内陆部分活动断层超过强度限值时所发生的地震。

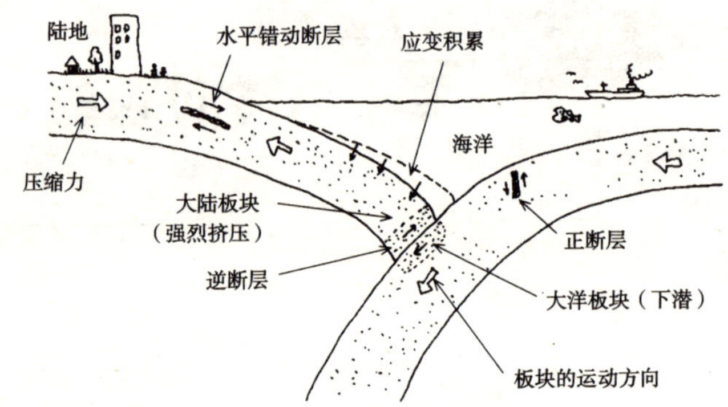

图 1.1 断层的错动现象

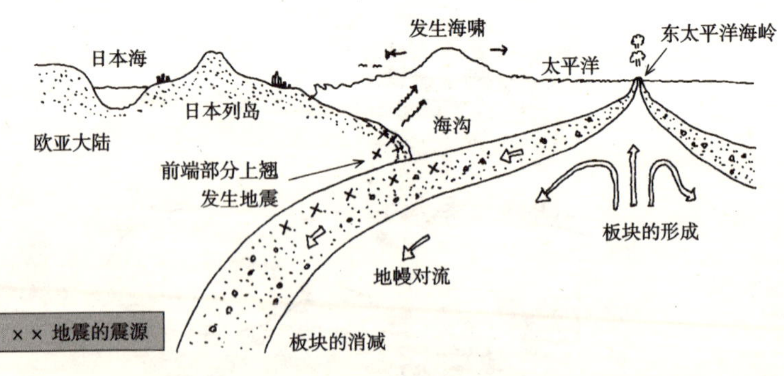

图 1.2 板块的运动

【名词解释】 **津波（TSUNAMI，地震海啸）**

海洋中由海底地震（板块运动）和火山爆发造成的山体崩塌、海底滑坡，以及陨石落入海底等非气象原因所激起的涌向海岸线的破坏性巨浪，亦称地震海啸。日本人称海啸为“津波（日文汉字）”（意思是涌向湾内和海港的破坏性大浪），现在日文汉字“津波”的日文发音“TSUNAMI”一词已作为国际性的正式用语得到认可，在日本也曾多次发生过伴有海啸灾害发生的地震。

2004 年 12 月 26 日在印度尼西亚苏门答腊岛附近海域发生的“苏门答腊海底大地震”震惊世界。在“苏门答腊海底大地震”中受灾严重的苏门答腊岛北部及安达曼 · 尼科巴群岛等地虽然遭受海啸灾害已过两年之久（2006 年 12 月），但其经济、社会建设仍未完全恢复到地震前的水平。

正如图 1.3 所示，日本列岛由四个岛屿板块组成，它既是在地球上独一无二的地区，也是地震的多发地区。日本列岛位于内陆侧亚欧大陆板块的东端，与海洋侧太平洋板块及菲律宾海板块两个板块相碰，大洋板块下潜在大陆板块的下面。由于板块的运动而频频发生地震。

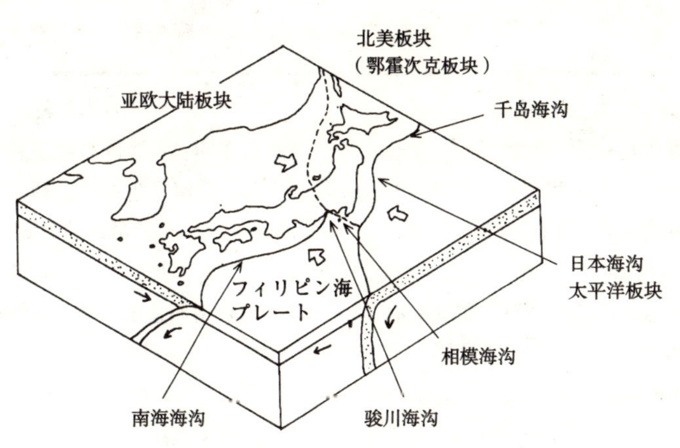

图 1.3　日本周边的板块及其运动

什么叫震源?

Answer 震源是指因断层错动开始出现破坏的地方，亦即地球内部发生地震的地方。由日本气象厅确定地震的震源位置，并公布地震发生地点与震源深度（km）。正如图 1.4 中所示，震源上方正对着的地面（震源在地面上的投影点）称为“震中”，从震中到地面上任一点的距离（观测点）称为“震中距离”（简称“震中距”）；从观测点至震源的距离则称为“震源距离”。

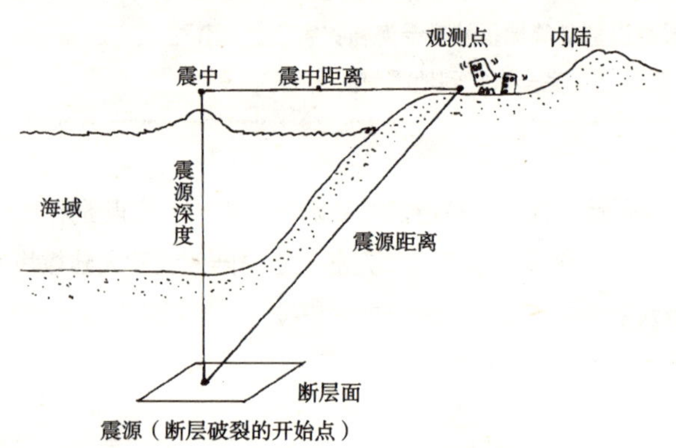

图 1.4　震源、震中与震中距离的关系

【名词解释】 **主震与余震** ＊（日本气象厅　http）

当发生比较强烈的地震时，便会在一定时间内在同一震源区发生一系列大小不等的地震。其中震级最大的地震称为主震，主震后连续发生的一系列小于主震的地震称为余震。余震的英文为“after shock”。我们将这种地震活动的类型称为“主震型地震”（亦称“主震－余震型地震”），震源浅的大地震几乎都伴有余震。

地震活动的类型还有“震群型地震”。这种地震没有明显的主震，其特点是地震频度高，能量的释放有明显的起伏，衰减速度慢，活动的持续时间长。

附近断层因主震的发生即处于不稳定状态，为了消除这种状态就会发生余震。最大余震的震级与主震相比要小，但也发生过不亚于主震的强烈余震，而且也有由主震造成建筑物倒塌和由余震使建筑变成废墟的，所以对于余震也应引起充分的重视。

余震发生的次数在主震刚过时较多，随着时间的流逝逐渐减少。最大余震一般在内陆地区主震过后约 3 日之内、海域地区约 10 日之内发生。

地震都包括哪些类型？

Answer 地震是由板块（岩层）错动引起的，而日本列岛就处于多个板块之间，地震发生频繁，类型多样。

（1）海沟型地震（板块型）

图 1.5 表现了日本附近的地震发生形式，因海洋侧板块俯冲下弯引起的地震称为“海沟型地震”。海沟型地震有两种类型：一种是飘浮在上面的大洋板块前端被拉向下面板块的下潜面并潜没于其下，板块（岩层）在板块错位边缘的反作用下出现弹性回跳后恢复到原来状态时便将积累的能量突然释放出来，引起地震。这种类型可以发生震级 8 级（M8）的大地震，其典型的例子为 1923 年发生的日本关东大地震（M7.9）。

另一种类型是发生在下潜板块内侧的地震。这种类型的地震与板块边界发生的地震相比规模较小，多发生在地球较深处，受害也较轻。其典型例子就是 1993 年的日本钏路湾地震（M7.8）。

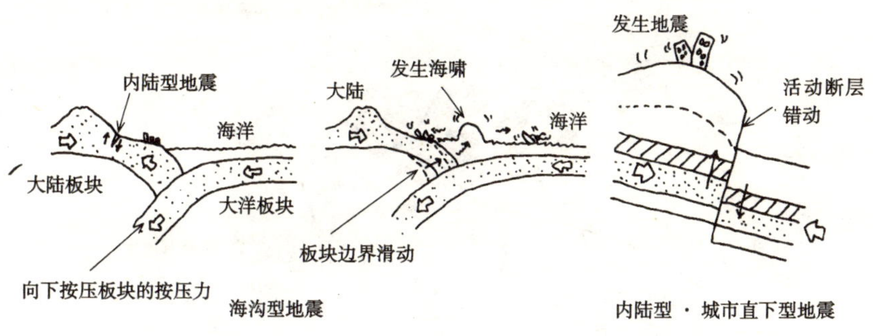

图 1.5 海沟型地震与内陆型地震 · 城市直下型地震

（2）内陆型地震 · 城市直下型地震

板块在运动的过程中，可能会在外力的作用下在极短的数十秒时间内急剧运动而破裂，产生的地震波直达正上方，引起地面上下激烈振动，建筑物瞬间倒塌。这种由活动断层错动引起的地震被称为“内陆型地震”。震源在城市及其周围地下的地震被称为“城市直下型地震”。1995 年发生在日本兵库县南部的阪神 · 淡路大地震（M7.3）就是典型的内陆型地震。

什么是地震预测中的“重点观测地区”与“特定观测地区”？

Answer “日本地震预测联络会（日本国土交通省国土地理院长私人咨询顾问机构）”为能对地震预测进行有效的观测研究，除遍及日本全国的基本观测点外，还选定了加强重点观测的地区——“重点观测地区”与“特定观测地区”（图 1.6）。

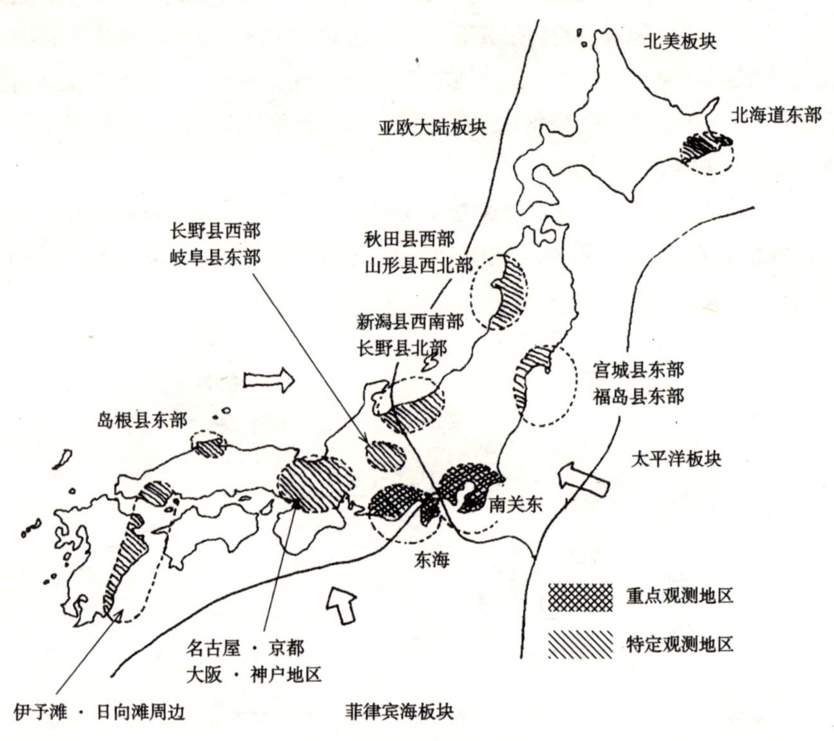

图 1.6 日本地图中的观测地区

1970 年选定了 8 处“特定观测地区”（①北海道东部地区、②秋田县西部 · 山形县西北部地区、③宫城县东部 · 福岛县东部地区、④新潟县西南部 · 长野县北部地区、⑤长野县西部 · 岐阜县东部地区、⑥名古屋 · 京都 · 大阪 · 神户地区、⑦岛根县东部地区、⑧伊予滩 · 日向滩周边地区），1974 年又将“重点观测地区”的东海地区定为“特定观测地区”。

其后又在1978年重新对选定区域进行了评估，以“①曾发生过大地震，最近未发生过大地震的地区、②活动构造地区、③最近地壳活动活跃地区、④社会性的重要地区”为选定标准，在日本全国指定了8处“特定观测地区”和两处近期可能发生大地震的地区作为“重点观测地区”（①东海地区、②南关东地区）。另外，又在1986年对特定观测地区进行了研究，但未变更区域。

“地震调查研究推进本部地震调查委员会（日本文部科学省）”对1996年以后日本周边的断层带进行了评估，并公布了根据过去地壳的活动状况等预测未来可能发生地震的情况（长期评估，参见表1.1）。

今后30年间的发生概率（日本地震研究本部·地震调查委员会）摘要　　表1.1

断层带及地震等的称谓	所在位置	推测震级M	30年内的发生概率
糸鱼川－静冈构造线（含牛伏寺断层）	长野县（含牛伏寺断层）	M8	14%
冲绳 · 国府津－松田断层带	神奈川县（西部）	M8	3.6%
京都盆地－奈良盆地断层带南部	京都府－奈良县	M7.5	0 ~ 5%
宫城县海底大地震	宫城县海域	约M7.5	98%
东南海底大地震	和歌山县潮岬~静冈县滨名湖附近海域	约M8.1	50%
南海地震	高知县足摺岬~和歌山县潮岬附近海域	约M8.4	40%

（摘自《抗震安全机构，抗震综合安全型指导方针（草案）》，2005年）

Q5 Question

什么是活动断层?

Answer 活动断层是指地质时代第四纪期间(约200万年前直到现在)不断活动着,预计将来仍然活动的断层。

地壳以同样的间距错动或产生断裂,这时地震就发生了,可以认定断层是不断活动的,那么就可以由此推断将来该断层仍会以同样的间距错动而引发地震,所以就称为活动断层。

日本政府在日本全国超过2000个活动断层中,选出了断层活动时对社会、经济造成巨大影响的98个活动断层进行调查。一般断层大致可分为以下3大类:①真实的断层、②据推断是活动断层、③可能是活动断层,其中有些断层会引起大地震。

我们从图1.7日本活动断层的分布图中可以得知,从中部地区到近畿地区活动断层的分布十分密集。从历史上看,可以说地表出现活动断层引发的"内陆型·城市直下型地震"在中部以西地区频频发生是不争的事实。

2004年10月发生的中越地震的震源就是活动断层,而广神村(现新潟县鱼昭市)东北—西南方向的5～6km的小平尾断层便是震源。

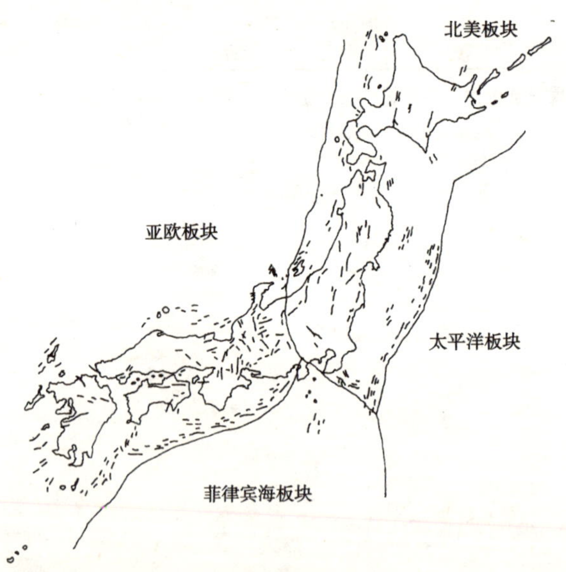

图1.7 日本活动断层的分布(资料来源:《日本地震灾害》,P37)

什么是震级（M）？

Answer 地震发生时，电视上就会播放“震级”、“地震烈度”、“震源地”、有无发生海啸的可能性等。通过这些，我们就可以了解地震的强度。

因“震级（M）”与“地震烈度”一样都用数值表示，所以容易发生混淆。但震级是表示地震规模（大小）的指标，与因断层造成地震震源释放的能量大小有关；而“地震烈度”则是表示地面产生振动时强烈程度的尺度。地震时断层错动的面积越大震源释放的能量就越大，地震的震级就愈大。另外，断层的面积越大，错位也就越厉害。地震震级与地震烈度的关系可以用电灯泡与照度来解释，如果将电灯泡的瓦数比作地震震级，那么到达桌上的照度（光亮程度）就是地震烈度。

我们将经常发生的地震程度与原子弹的破坏力作一个比较，假设广岛原子弹爆炸的能量相当于震级 6 级（M6）的地震表示为“1”，当震级增大 1 级时能量就会增大为 32 倍，换句话说就是在预计会发生 8 级（M8）的地震地区只发生了 M7 的地震，实际地震释放能量就是原来预计的约 3%。在一般认为不会发生地震的区域或其周边发生 M6 级以下的地震区域，即使达到了 6 级（M6）的地震，也不过是 8 级（M8）的约 0.1%。

现在还没有明确表示“震级（M）”的方法，表 1.2 是按“震级（M）”与“地震”的称谓整理而成。

常用的震级与地震的对应称谓　　表 1.2

震级（M）	地震的称谓
(8 ~)	（巨大地震）
7 ~	大地震
5 ~ 7	强烈地震
3 ~ 5	中强地震
1 ~ 3	有感地震
~ 1	小地震（超微地震）

Question 7

何谓地震烈度？

Answer 正如在 Question 6 中所述的那样，简单地说地震烈度就是表示地面产生振动时强烈程度的尺度（地面受到的影响和破坏程度），可以通过“人体的感觉、身体周围物体的晃动程度、结构物的晃动及遭受地震影响的程度、地面破坏的程度等”来判定地震烈度大小。地震烈度不仅与震级大小有关，而且与震中距、震源深度、周边地面的土质条件、地震的传播途径等因素有关。

因地震烈度所表示的是在设有地震仪的观测站等某些场所测定的地震振动强度，所以即使在同一城市，人体也会因所在位置地基不同或居住楼层高度不同而产生不同的感受。关于地震振动方式的不同，我们从电视上经常可以看到，而且从防范监视器录制的录像中也可以得知。地震烈度同样都是 6 度但地震的振动方式却有所不同，例如日本兵库县南部地震（阪神 · 淡路大地震）那种“城市直下型地震”，地震发生时商品在瞬间便被甩出；而日本关东大地震那种“海沟型地震”（板块型）则是左右摇晃，商店内的物品被噼里啪啦晃到地上。

在表 1.3 中，日本气象厅将地震烈度分为 0 度 ~7 度，这是日本的标准，与欧美等国采用的标准不同，规定地震烈度 5 度为地面及房屋等建筑物开始受到地震的破坏，6 度为房屋等建筑物出现倒塌。另外，对于新干线及摩天大楼的电梯等高速运行的设备，在即将遭到破坏之前，即未达地震烈度 4 度之际应发出停止运行的信号。

一般很少发生地震烈度 7 度的地震，在 1995 年日本兵库县南部地震（阪神 · 淡路大地震）（M7.3）中，地震烈度 7 度呈带状出现。在出现地震烈度 7 度的地区，新干线、高速公路以及许多建筑物都遭到严重破坏，几乎所有的木结构房屋都出现倒塌。

日本兵库县南部地震（阪神 · 淡路大地震）之后日本各地便配备了很多地震仪，1996 年 10 月以后日本气象厅又将地震烈度 5 度和 6 度按强弱程度加以细分，不仅根据人体的感觉进行划分，而且还采用了通过地震仪观测后依据测得的数值划分地震烈度（仪器测量烈度）。

在 1948 年 6 月 28 日发生的日本福井地震中，福井平野中心部等处的地震烈度为 6 度。当时在日本气象厅的地震烈度中，上限规定为 6 度，但因有些地区的房屋破坏严重，所以自 1949 年起将烈度上限设定为 7 度，规定房屋倒塌率超过 30% 时为地震烈度 7 度。

日本气象厅地震烈度等级（仪器测量烈度）摘要　　表 1.3

仪器测量的烈度	地震烈度等级（度）	人体的感觉	室内状况	室外状况
	0	人没有感觉到晃动		
0.5	1	室内有部分人感到晃动		
1.5	2	室内许多人都能感到晃动，一些正在睡觉的人被惊醒，睁开双眼	吊灯等垂吊物轻微摆动	
2.5	3	室内几乎所有的人都能感到晃动，部分人感到害怕	搁架上的餐具等发出声响	电线轻微摆动
3.5	4	感到非常害怕，几乎所有正在睡觉的人都被惊醒，睁开双眼	垂吊物、搁架上的餐具摆动幅度较大，基座不牢的装饰品等倾倒	电线摆动厉害，正在行走的人也有所感觉。正在开车的人未感到晃动
4.5	5 弱	很多人都力图保证自身的安全	垂吊物摆动厉害，搁架上一些餐具及书架上的书籍被晃到地上。大部分基座不牢的装饰品等都出现倾倒	电线杆开始晃动。窗户的玻璃破损掉落，有些未加固的砌块围墙也被晃倒。部分道路遭到破坏
5.0	5 强	感到非常害怕，多数人的行动已经受阻	搁架上的餐具及架上的书籍被晃掉在地上，部分电视从电视柜上晃到地上。沉重家具倾倒在地上，部分门出现变形无法打开	大部分未加固的砌块围墙出现坍塌。大部分墓碑倾倒。部分自动售货机歪倒在地。已无法驾驶汽车，许多汽车停驶
5.5	6 弱	人站立不稳	未加固定的沉重家具移动、歪倒在地。很多门都无法打开	建筑物的墙面瓷砖及玻璃破损、剥落
6.0	6 强	已无法站立，只能趴在地上才能活动	许多未加固定的沉重家具移动、歪倒在地。门脱落、甩出	建筑物的墙面瓷砖及玻璃大部分都出现破损、剥落。未加固的砌块围墙几乎都歪倒
6.5	7	晃动十分厉害，仅凭自己的意志已无法行动	几乎所有的家具都被严重移动，有些已被甩出	几乎所有建筑物的墙面瓷砖及玻璃都出现破损、剥落。未加固的砌块围墙也遭到破坏

注：仪器测量的烈度是以数值形式表示的地震波在该地点振动强度的程度，是通过烈度仪测得的。一般所公布的地震烈度等级的度数是由烈度仪测出的。

什么是伽（加速度）？

Answer 伽（加速度）是速度变化率，地震波的加速度则是指施加在人和建筑物上的瞬间外力产生的速度变化量。我们在地球上受到的重力加速度相当于 980 伽（加速度单位，符号为 gal，单位：cm/s^2。下同）。地震波的最大水平加速度为 980 gal 时，与物体自身所受到的重力加速度相同，便会在瞬间出现水平运动。在日本兵库县南部地震（阪神 · 淡路大地震）中观测到的横波为 800gal。因 1g 为 980gal，所以就会有超过 1g 的情形出现。

实际上家具及墓碑的倒塌以及餐具柜倾倒主要是受地震刚发生时的地震波振动影响，所以基本上是由瞬间的加速度所造成的。另一方面，桥梁及楼房等大型建筑物的破坏则是由瞬间外力在某一时间点的“外力总合”造成的。

当较高的立式家具等发生图 1.8 中所示的倾倒时，实际上是施加在家具宽 / 高的加速度的值大于重力加速度（980gal）所造成的。当小于重力加速度时就不会发生倾倒，当大于重力加速度时就应采取防止倾倒的措施。

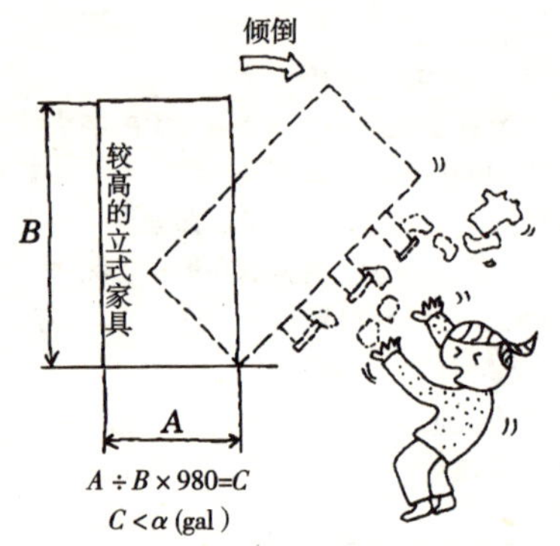

图 1.8　家具等的倾倒与加速度

地震烈度与最大速度、最大加速度的关系（内阁府 http）　表 1.4

地震烈度等级	最大速度（kine）	最大加速度（gal）
4	4 ~ 10	40 ~ 110
5 弱	10 ~ 20	110 ~ 240
5 强	20 ~ 40	240 ~ 520
6 弱	40 ~ 60	520 ~ 830
6 强	60 ~ 100	830 ~ 1500
7	100 ~	1500 ~

注：地震烈度与最大加速度的值根据地基种类的不同具有一个幅度范围，而且当为软弱地基等情况时也可能大于该表中的数值。该值为一个标准参考值。

如果从表 1.4 中地震烈度与加速度的关系出发对家具等发生的倾倒加以考虑的话，那么倘若家具宽度与高度的比为 1/4 以下，因地震烈度为 5 弱、加速度为 240gal，所以不会发生倾倒，而超过该地震烈度时就应考虑采取防止倾倒的措施了。

应当引起注意的是，地震烈度为 6 度强时加速度为 1500gal，所以在对 100kg 重的家具进行固定时，就必须按能够承受 1.5 倍（150kg）的力加以固定。

【名词解释】 **地震时的墓地飞石现象**

均质性长方体墓碑的倾倒方式会成为地震波的方向及规模等的重要信息。在阪神大地震中，墓碑在地震动（地面振动）的作用下开始出现错位、损伤、倒塌，随后便出现石块飞出，墓碑倾倒紧贴地面的情形（图 1.9）。我们将这种现象称为“飞石现象”。

伴随这种上下激烈颠簸振动的地震仅有短短不足 10s 的时间，老旧房屋在最初几秒钟的上下颠簸振动中便会出现飞石现象，遭到破坏。在活动断层“直下型地震”中因发生“飞石现象”而倒塌造成死亡的遇难者中，很多人都是当时即告死亡。

最近，日本各生产厂家都在开发、销售可防治墓碑倒塌的隔震施工法及抗震施工法。

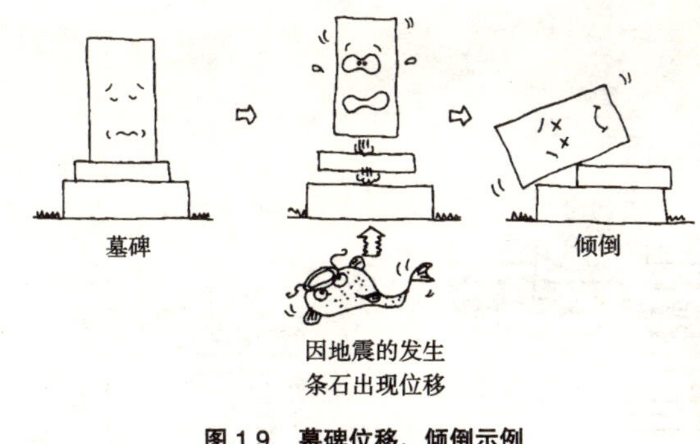

图 1.9 墓碑位移、倾倒示例

【名词解释】 **凯恩（kine）**

用速度单位表示的地震强度，指在 1 秒钟（s）内变化 1 厘米（cm），也就是 1cm/s 为 1 凯恩（kine）。该单位为非法定单位，是日本独有的单位。物体遭到破坏多由加速度引起速度变化而造成。

速度在日常情况下只是汽车及新干线的列车时速为多少千米的一种表示方式。表 1.4 是用速度单位表示地震烈度的一个标准值，数值越大表示地震的振幅越大。

什么是砂土液化现象?

Answer 这是一种在1964年6月发生的日本新潟地震中被认识且备受关注的现象。一般具有一定砂层的砂土与地下水位高的地基容易发生砂土液化，自重大的建筑物出现沉陷，路面下重量轻的公用设施合用管沟及检查井则浮起。地基是通过砂粒与砂粒之间相互作用产生的承载能力来支撑建筑物的，但地基在强烈的地震动（地面振动）作用下出现晃动，砂粒间的相互承载能力瞬间便遭到破坏，砂土体便会发生振动液化，与水一起呈液态流动。这就是图1.10中所示的地基的砂土液化现象，而且也会发生地下水携带砂粒喷出地表的“冒水喷砂”现象。

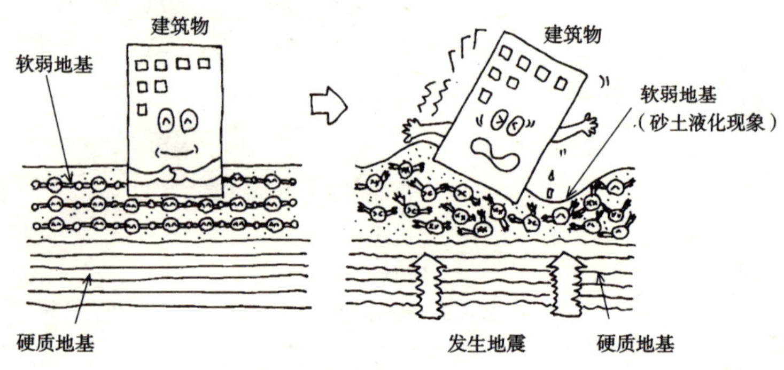

图1.10 砂土液化状态

砂土与水的环境是砂土液化的条件，港湾地带及河口附近、沙丘的内陆侧、湖泊沼泽周边的低洼地等都是容易发生砂土液化的地带，近年来特别是填海造地的地基就屡屡发生砂土液化现象。图1.11就是为了再现日本新潟地震时砂土液化的受灾分布状况而绘制的。

提出砂土液化导致结构物沉陷以致倾覆并由此引起人们对此进行研究的起因不仅是日本的新潟地震，还有在新潟地震同年（1964年）3月发生的阿拉斯加大地震。虽然阿拉斯加大地震并没有发生建筑物倒塌的灾害，但在以安克雷奇市为典型的各地倾斜地基砂土层及透镜状砂土层都出现了液化，地基遭到了严重的破坏。

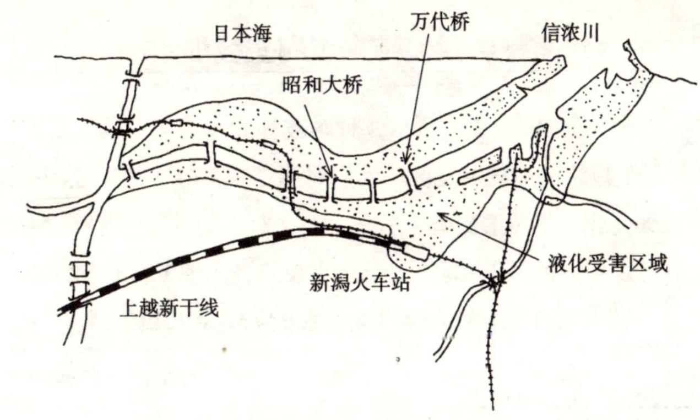

图 1.11　再现的信浓川旧河道砂土液化受灾分布图

除日本新潟地震外，20 多年来日本还发生过许多伴有砂土液化现象的地震。如 1983 年日本海中部地震、1993 年钏路湾地震（M7.8）、能登半岛湾地震（M6.6）、北海道西南湾地震（M7.8）、1994 年北海道东方湾地震（M8.1）、三陆春贺湾地震（M7.5）、1995 年日本兵库县南部地震（阪神 · 淡路大地震）（M7.3），以及 1996 年发生的两次日本鹿儿岛西本部地震（M6.3、M6.2）等。

特别是在日本海中部地震中，日本秋田市及能代市在沼泽、湿地填埋造地修建的新兴住宅区受灾严重。另外，像日本兵库县南部地震（阪神 · 淡路大地震）中的人工岛——神户市的“神户港人工岛”，就因大规模的液化现象，混有砂粒的水大量喷出，一时间如洪水暴发一般。

1989 年发生在美国旧金山湾的洛马普列塔地震中，旧金山填海造地的玛丽娜地区发生砂土液化，受灾严重。

可以说将“河川”、“湖沼”这种自然环境按人类的意愿加以改造的结果就是，在发生大地震时便会受到大自然以砂土液化形式进行的报复。

Q 10 Question

发生在日本的大地震都给我们带来了哪些教训？

Answer 正如表 1.5 中所示，日本被称为地震多发国，日本列岛处于四个板块的地震多发区。人们对第二次世界大战后经济高速增长时期城市发生的巨大变化、自然遭到破坏后马上便会对人类进行报复，以及人类所构筑的无法应对灾害发生的脆弱环境问题开始加以反思，出现了新的有待解决的问题。

20 世纪以后日本发生的主要地震（主要为 M7.0 以上的地震）　　表 1.5

发生日期	震源地	地震名称	震级（M）	地震灾害（死亡人数、房屋倒塌及烧毁数量等）
1905.6	安艺滩	艺予地震	7.2	死亡人数 11 人，倒塌房屋 64 间
1914.3	秋田县仙北郡	秋田仙北地震	7.1	死亡人数 94 人，倒塌房屋 640 间
1923.9	关东南部	关东地震 （关东大地震）	7.9	死亡、下落不明者约 105000，倒塌房屋 128000 间，烧毁房屋 447000 间， 海啸冲毁房屋 868 间
1926.5	但马北部	北但马地震	6.8	死亡人数 428 人，倒塌房屋 1295 间，烧毁房屋 2180 间
1927.3	京都府西北部	北丹后地震	7.3	死亡人数 2925 人，倒塌房屋 12584 间，烧毁房屋 8287 间
1930.11	伊豆北部	北伊豆地震	7.3	死亡人数 272 人，倒塌房屋 2165 间
1933.3	三陆湾	三陆湾海啸	8.1	死亡人数、下落不明者约 3064 人，冲毁房屋 4034 间，倒塌房屋 1817 间
1943.9	鸟取市附近	鸟取地震	7.2	死亡人数 1083 人，倒塌房屋 7485 间，烧毁房屋 251 间
1944.12	东海道湾	东南海地震	7.9	死亡、下落不明者 1223 人，倒塌房屋 17599 间，海啸冲毁房屋 3129 间
1946.12	南海道湾	南海地震	8.0	死亡人数 1330 人，倒塌房屋 11591 间，烧毁房屋 2598 间，海啸冲毁房屋 1451 间
1948.6	福井平野	福井地震	7.1	死亡人数 3769 人，倒塌房屋 36184 间，烧毁房屋 3851 间
1952.3	十胜湾	十胜湾地震	8.2	死亡、下落不明者 33 人，倒塌房屋 815 间，海啸冲毁房屋 85 间
1960.5	南美智利湾	智利地震海啸	9.5	死亡、下落不明者 142 人，远离震源海啸冲毁房屋 1259 间，倒塌房屋 1599 间
1961.8	岐阜县北部	北美浓地震	7.0	死亡人数 8 人，倒塌房屋 12 间，山崩 99 处
1964.6	新潟县海湾	新潟地震	7.5	死亡人数 26 人，倒塌房屋 1960 间，石油罐引起火灾、砂土液化灾害显著
1968.5	青森县东方湾	十胜湾地震	7.9	死亡人数 52 人，倒塌房屋 673 间，海啸灾害小
1974.5	伊豆半岛南端	伊豆半岛湾地震	6.9	死亡人数 30 人，倒塌房屋 134 间，烧毁房屋 5 间，各处出现塌方
1978.1	伊豆大岛近海	伊豆大岛 近海地震	7.0	死亡人数 25 人，倒塌房屋 96 间，山崩 191 处，各处出现滑坡
1978.6	宫城县湾	宫城县海底大地震	7.4	死亡人数 28 人，倒塌房屋 1183 间，山崩 529 处，很多新兴开发区受灾
1983.5	秋田县湾	日本海中部地震	7.7	死亡人数 104 人（其中 100 人死于海啸），倒塌房屋 938 间，冲毁房屋 52 间
1984.9	长野县西部	长野县西部地震 釧路湾地震	6.8	死亡人数29人，滑坡造成房屋倒塌、冲毁房屋 14间，御嶽山发生巨大山崩塌、 岩块崩落
1993.1	釧路湾	北海道西南湾地震	7.8	死亡人数人 2 人，倒塌房屋 53 间，被困房屋内 1000 人（受伤者）
1993.7	北海道西南湾	北海道东方湾 地震	7.8	死亡、下落不明者 230 人，大海啸造成房屋倒塌、冲毁房屋 601 间，海啸 后发生火灾
1994.10	北海道东方湾	三陆春贺湾地震	8.2	死亡、下落不明者 11 人，损坏房屋 409 间，海啸受灾严重（择捉岛等）
1994.12	三陆湾	兵库县南部地震	7.6	死亡人数 3 人，倒塌房屋 72 间，八户地区受灾严重
1995.1	兵库县东南部	鸟取县西部地震	7.3	死亡人数 6433 人（其中 599 人死于火灾），倒塌房屋 105000 间，烧毁房
2000.10	鸟取县西部	宫城县海底	7.3	屋 7000 间
2003.5	宫城县湾	大地震	7.1	负伤人数 182 人，倒塌房屋 434 间，受灾小 负伤人数 174 人，地面加速度大
2003.9	十胜湾	十胜湾地震	8.0	海啸造成失踪人数 2 人，倒塌房屋 116 间，苫小牧地区发生煤气罐引起的 火灾，十胜川决堤
2004.10	中越地方	新潟县中越地震	6.8	死亡人数 48 人，倒塌房屋 3181 间，滑坡 3791 处，新干线列车脱轨，形 成天然水库 45 处
2005.3	福冈县西方湾	福冈县西方湾 地震	7.0	死亡人数 1 人，倒塌房屋 139 间，玄界岛受灾严重，福冈市内大楼玻璃坠 落 440 处

资料来源：《日本的地震灾害》（摘要）

发生在世界其他国家的地震都给我们带来了哪些教训？

Answer 可以说除日本外，世界其他国家发生的地震大部分都集中在亚洲。即便是发达国家日本，尽管从行政法规等各个方面对建筑物及构筑物等的抗震措施作出了不懈的努力，但也发生了日本兵库县南部地震（阪神·淡路大地震）那样的巨大灾害。亚洲各国中有很多是发展中国家，我们只要看一下地震发生时报纸、电视报道的受灾内容，难道不可以说忽视抗震救火的研究是一种严重的缺失吗？

2004年在印尼苏门答腊海底大地震中受到海啸波及的斯里兰卡，直至2006年3月在科伦坡到加勒海岸一带仍可以看到海啸灾害的影响，加勒城旧街区因受占领时期修筑的城墙的保护才避免了海啸的直接袭击而未发生人员伤亡，但海啸途经的黄金海岸沿海村庄至今仍留有遭海啸袭击后屋顶掀飞、墙壁倒塌的残垣断壁，人们一谈到海啸便神情大变。由于地震引起海啸造成的灾害很多，因此也被称为“地震海啸”。

表1.6是1990年以后世界发生的大地震（死亡人数1000人以上）。

1990年以后世界发生的主要地震（死亡人数1000人以上的地震）　表1.6

发生日期	震源地	震级（M）	受灾（死亡人数等）
1990.6	伊朗	7.7	35000人（曼吉尔地震）
1990.7	菲律宾	7.8	2430人
1991.10	印度	7.0	2000人
1992.12	印度尼西亚	7.5	1740人
1993.9	印度	6.2	9748人
1995.1	日本	7.3	6433人（兵库县南部地震）
1995.5	俄罗斯	7.5	1989人
1997.2	伊朗	6.1	1100人
1997.5	伊朗	7.3	1572人
1998.2	阿富汗	6.1	2343人
1998.5	阿富汗	6.9	4000人
1998.7	巴布亚新几内亚	7.1	2700人
1999.1	哥伦比亚	5.7	1900人
1999.8	土耳其	7.8	17118人（可加埃里地震）
1999.9	中国台湾	7.7	2413人（集集地震）
2001.1	印度	8.0	20023人（库奇地震）
2002.3	阿富汗	6.2	1000人
2003.5	阿尔及利亚	6.7	2748人
2003.12	伊朗	6.5	20000人（科尔曼州巴姆）
2004.12	印度尼西亚	9.0	300000人（苏门答腊海底大地震）
2005.10	巴基斯坦	7.6	73000人以上
2006.5	印度尼西亚	6.3	6123人以上（2006.5.31公布）

资料来源：日本庆应大学网站主页

Q 12 Question

“长周期地震”与“短周期地震”都有哪些不同?

Answer 众所周知，建筑物遭到的破坏与建筑物所具有的固有周期有关。我们如果看一下地震加速度的波形，便立即明白长周期（周期约 4s 以上）与短周期（周期约 1s 以下）了。

长周期地震动（地面振动）是一种人没有什么感觉、周期数秒钟以上的大幅度慢频率的振动，一般在发生巨大地震时容易出现，在关东 · 名古屋 · 大阪三大都市圈那种软弱“堆积层”增幅后会长时间持续。这与日本兵库县南部地震（阪神 · 淡路大地震）中木结构住宅等所受灾害不同，一般“超高层建筑”（参见“名词解释”）等巨大建筑容易受到影响。

【名词解释】 **超高层建筑**

《建筑基本法》中规定“高度在 60 m 以上”的建筑为超高层建筑。2005 年“60m 以上”的建筑物为 98 栋，该数字是 10 年前的 3 倍，其中半数为“公寓”。

如上所述，长周期地震是将未减弱的大振幅慢频率振动传播到远处。其典型的例子就是 1984 年发生的日本长野县西部地震（M6.8），在距震源 200km 的新宿超高层建筑上，当周期 5s、振幅 15cm 时屋顶部分便出现大幅晃动，因控制电梯的电缆产生共振而振幅增强，发生了正在运行的电梯突然停运或钢索缠绕等事故。这时东京的地震烈度为 3 度，虽未发生其他灾害，但很多超高层建筑的电梯都遭到不同程度的破坏。

因此，日本电梯协会等相关部门对容易遭受周期 2s 以上地震动的建（构）筑物，特别是针对周期 5s 左右的超高层建筑电梯在地震时的位移与速度，在设计阶段就其地震烈度等级作了专项研究。

在 2004 年 10 月发生的日本中越地震中，实际上建筑物破坏较小主要是因为周期小于 1s 的短周期地震活跃的缘故（图 1.12）。建筑物破坏严重主要是受 1 ~ 2s 周期地震动的影响。短周期振动只能引发窗户玻璃破损等中小型灾害。

在关东大地震中，当时因大型建筑少，所以虽然是中 ~ 长周期的地震，但地震直接造成的灾害影响小，而由火灾等原因引发的次生灾害是巨大的，可以说次生灾害所造成的伤亡和损失比直接灾害还要大。

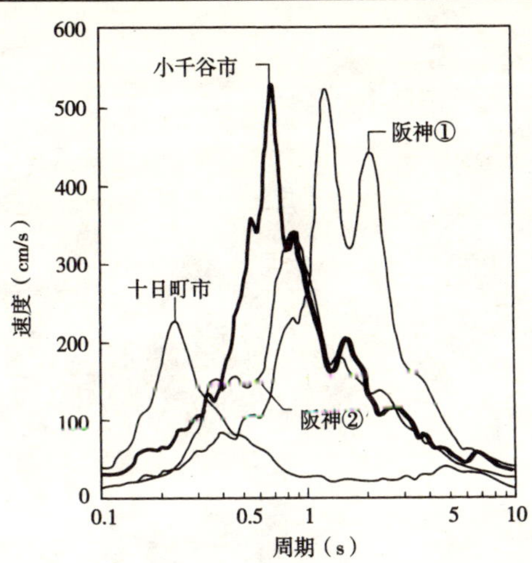

图 1.12　阪神大地震与新潟县中越地震周期的不同
（京都大学防灾研究所根据地震动的数据绘制）
资料来源：《日经建设》，04.11.12 号

【名词解释】 **固有周期**

所谓周期是指振动一次所需要的时间，由于建筑物结构的不同，固有周期（最易振动的周期）的长短也不同。当固有周期短时，就会出现“嘎啦嘎啦”的高频率晃动；周期长时，则会出现“轻微摆动”的大幅度低频率晃动。目前有通过在建筑物中设置各种隔震装置来延长固有周期，以降低建筑物遭到破坏的技术。

因修筑建筑物的地基不同，建筑物接受地震的应答（反应）加速度也有一定的变化。当为软弱地基时，在增幅作用的影响下便有可能会与建筑物的固有周期产生共振而加大受破坏的程度。

因此，在软弱地基上修筑隔震建筑时，就要设法使地基不再与抗震建筑固有周期接近，并提高抗震构件的变形能力。通过采取加大隔震间隙等措施便可以得到隔震效果。

固有周期因建筑物结构及规模的不同而有所差异，其大致的固有周期如下：

· 建筑物固有周期（例）　10 层建筑物——1.2s 左右
20 层建筑物——2.4s 左右
30 层建筑物——3.6s 左右

第 2 章

关于建筑抗震诊断的 Q&A

Q 1 Question

什么是建筑物的抗震诊断？

Answer 如何才能避免地震造成的人员伤亡及财产损失？最重要的就是对居住或使用的建筑物进行“建筑抗震诊断”，掌握建筑物的抗震性能，并根据需要采取措施。

实际上，日本已经以日本兵库县南部地震（阪神 · 淡路大地震）为契机，开始实施《关于促进建筑物抗震修复的法律法规》（通称：抗震修复促进法）（1995 年 12 月 27 日），而且“特定建筑物”（参见“名词解释”）的所有者也已对建筑物进行“抗震诊断”，并根据需要进行“抗震修复”。

建筑物“抗震诊断”的目的就在于防止“人员伤亡”，防止因供电、供水、供气、交通、电信等“生命线工程设施破坏（断绝）”引起的灾害发生。

人们希望震后的恢复能比较容易，而且功能能够很快便得到恢复。图 2.1 表示日本兵库县南部地震（阪神 · 淡路大地震）时生命线工程的恢复状况。

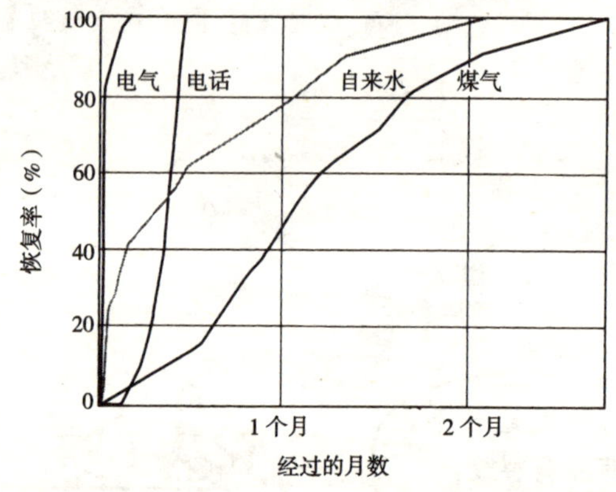

图 2.1 日本兵库县南部地震（阪神 · 淡路大地震）时生命线的恢复状况

资料来源：神户大学森山研究室，根据《阪神 · 淡路大地震中生命线受灾及恢复状况调查书》绘制

【名词解释】 **特定建筑物（《建筑基本法》概要）**

演出场所、百货店、集会场所、图书馆、博物馆、美术馆及游艺场、商店及事务所、除《学校教育法》第一条规定学校外的其他学校（含研修所）、占地面积 3000m^2 以上的旅馆，以及《学校教育法》第一条规定的学校中占地面积 8000m^2 以上的部分。

这样一来，对建筑结构抗震性能进行诊断，防止建筑设备的重物坠落、防止设备机器歪倒、防止火灾的发生、确保饮用水、确保紧急避难及疏散指示灯，以及保证通信手段等就变得十分重要了。为能避免大地震造成的灾害损失，就应将此时刻牢记在心，依靠“专门的技术人员”进行抗震诊断。

接下来所要论述的内容就有些专业化了，下面我们具体说明一下抗震性能的具体鉴定标准——抗震指标概要。

“抗震诊断”的目的就是为了对1981年以前建设的建筑物抗震性能进行鉴定，并认定是否需要加固或改建。建筑物的抗震性能是以结构抗震指标（I_s）和非结构抗震指标（I_n）两个数值为指标进行鉴定的，结构抗震指标（I_s）表示结构主体的抗震性能，而非结构抗震指标（I_n）则是对防止因外墙塌落造成避难损伤及人员伤亡的安全性进行诊断的指标。预测的地震大小应与按现行标准设计的建筑一致，地震烈度大约为6度弱~6度强。

（1）结构体的抗震性能

应根据建筑物的强度与延性计算出安全性能基本指标（E_o），并根据形状的复杂程度以及对随时间的推移发生老化的问题加以考虑、修改，计算出结构抗震指标（I_s）。

（2）抗震性能的认定

结构体的抗震性能可以根据结构抗震指标（I_s）和结构抗震认定指标（I_{so}）的关系加以确认。从根本上说抗震诊断就是认定整个建筑物是否出现倒塌，而且因结构抗震指标（I_s）允许部分构件遭到破坏，即使整个建筑物的鉴定被判断为安全时，也有局部遭到损伤、破坏的可能性，所以应对此加以注意。也有要求地震后不能出现太大损伤的建筑物，如公共建筑中的避难场所或医院等建筑物就需将结构抗震认定指标（I_{so}）设定为普通建筑物的1.25 ~ 1.5倍。

如果将抗震诊断结果与现行设计法进行比较，则如下所示：

（参考）抗震诊断　$I_s/I_{so} \geq 1.0$（安全）

现行设计法　$Q_u/Q_{un} \geq 1.0$（安全）

（Q_u：实际水平承载力；Q_{un}：必需的水平承载力）

例如，当I_s=0.3，I_{so}=0.6时，可以认为是用现行设计法设计的建筑物抗震性的一半（在《抗震修复促进法》中，当I_s=0.3以下时即判断为发生破坏、崩塌的可能性很高）。

“建筑抗震诊断”都包括哪些具体的实施方法？

Answer 目前，“抗震诊断法”没有具体的明确内容，其基本的考虑方法如下：

（1）抗震诊断的方法

抗震诊断方法的第一步就是通过目测进行诊断。除此之外，还有以下几种诊断方法，但应根据《诊断标准》对诊断结果的好坏进行认定。

（a）目测诊断：专门的技术人员通过“目测”对抗震性能进行判断的方法。

（b）触诊诊断：对建筑物、内装、设备等进行诊断时，不仅要进行目测，还需用手进行触摸。

（c）仪器诊断：除目测、触诊诊断外，还有“破坏性检查”，因费用高，所以在进行检查前需与建筑商协商后方可实施。

（2）抗震诊断的顺序

实际的诊断流程可参考图 2.2，大多都采用做成诊断卡（诊断文件）进行抗震诊断的方法。

（a）调查前的准备工作：根据诊断卡对建筑结构概要、设备概要、诊断对象、诊断方法、诊断部位等进行检查后，编制“诊断计划”。

（b）诊断业务：根据诊断卡对建筑结构、内装、设备等的状况进行调查，并根据《抗震诊断判定标准》认定诊断结果。

（c）认定业务：整理认定结果，并将“综合认定结果”报告给委托方。

（3）认定标准

虽已有结论，但仍需将上述“抗震诊断”结果的认定标准表示如下：

A：良好——无太大问题的建筑。

B：需要注意——从现状看虽无问题，但今后需加以改进的建筑。

C：需要改善——需要进行大规模的改进、改修、更新的建筑。

D：未确认——根据现场情况难以确认，需要进行二次诊断的建筑。

E：不符合——不符合该项目的建筑。

当建筑物的抗震性能存在不稳定因素时，应与负责抗震诊断及抗震修复的行政部门进行协商。可根据是否需要抗震诊断，请他们介绍进行抗震诊断及抗震修复等支援制度或抗震诊断的相关部门。日本有官方抗震认定机构（Question8 表 2.5）及进行抗震诊断及抗震修复的建筑师事务所。日本建筑防灾协会的网站主页

（http://www.kenchiku-bosai.or.jp/）上就登录了各都道府的相关信息。另外，确认公寓抗震性能时的具体步骤请参照公寓管理中心的网站主页。

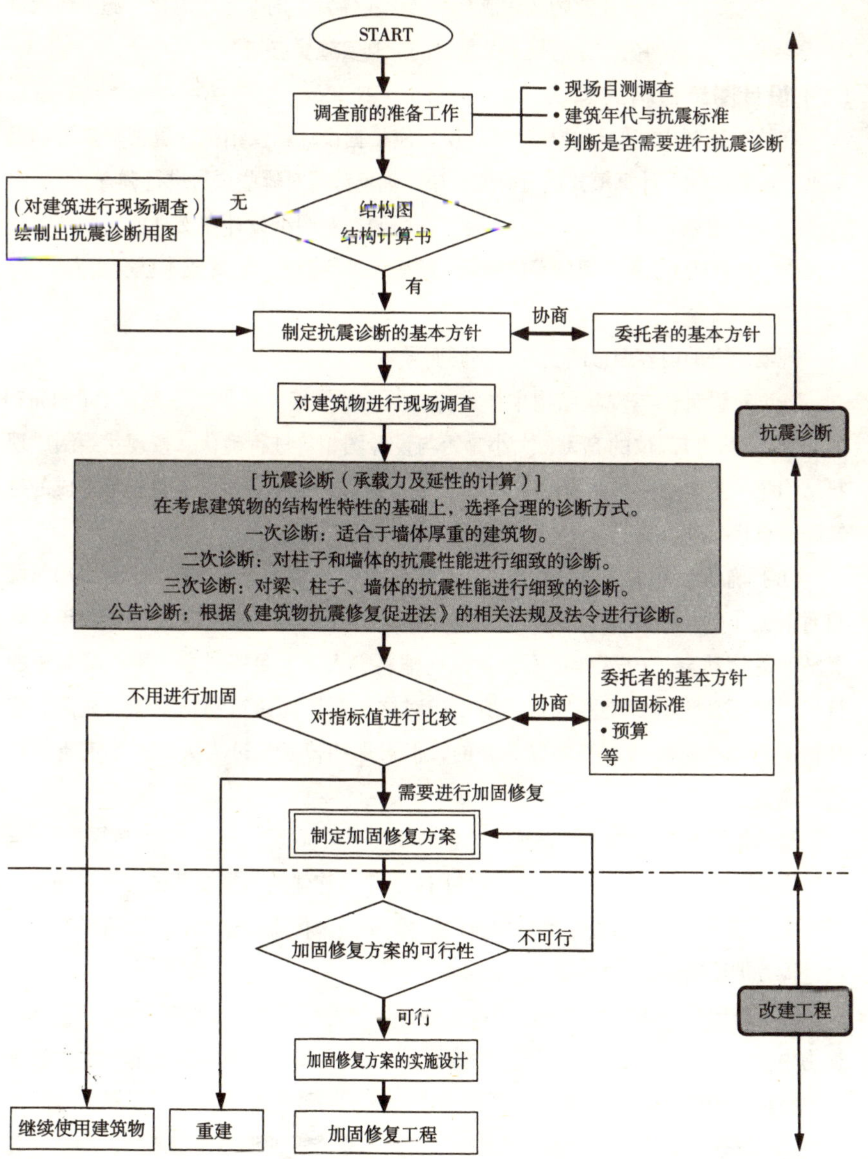

图 2.2　抗震诊断流程图

资料来源：日本清水建设 结构设计 抗震诊断计划流程图

建筑结构的“抗震诊断”都包括哪些要点？

Answer 对建筑物从建成至今结构主体发生的变形、老化、施工质量进行确认、鉴定是至关重要的。其实施要点如下：

（1）设计图纸资料的确认

在抗震诊断中需进行结构计算，所以应根据设计图及结构计算书对摘要诊断标准、诊断次数、计算模式进行研究，决定现场都需对哪些项目进行调查。

当没有图纸和设计文件时，需通过现场调查对图纸设计和文件的复原情况进行检查，并对柱子、梁、墙壁等的剖面、配筋等进行调查，因此成本就会大大增加。

（2）现场调查

现场调查的内容因诊断要求的不同而异。

（a）对设计图与现状结构主体进行对照：抗震墙（参见第3章的Question5）的配置，对开口部位的有无、大小是否与设计图相符进行确认，按现状绘制成现状结构图（主要是框架立面图）。另外，还应对因用途变更及设备更新等造成的建筑物荷载状况进行调查，获得实际的荷载资料。

（b）确认使用材料的强度：主体结构为钢筋混凝土结构（RC结构）时，应对混凝土的抗压强度、钢筋强度进行确认。在不同的时代背景（1964年东京奥林匹克运动会、1973年的石油危机时油料、人手不足等时期）下，混凝土的抗压强度要比设计标准强度低，所以应对这些时期的建筑物特别加以注意。很多情况下都有省略对钢筋强度调查的，但对那些曾发生过火灾等次生灾害的应进行调查。

当为钢结构（S结构）时，对焊接部位的调查至关重要。即使是采用对焊焊接（全熔透焊接）设计、施工的建筑物，因对1975年以前建筑物焊接部位所采用的检查方法中，超声波探伤检查（参见“名词解释”）还未像现在这么普及，所以有必要通过检查加以确认。

（c）对因沉降不同等造成的结构裂缝、老化进行确认：在混凝土类的建（构）筑物中，当较大的拉力作用于构件时就可能会产生裂缝。虽然裂缝的产生大致有几种原因，但使抗震性能大大降低则是由沉降不一致引起的，所以了解裂缝的状况、找出裂缝产生的原因是极为重要的。最好是由专业的混凝土诊断师（参见“名词解释”）来进行调查、诊断。

(3) 抗震诊断计算

应以通过图纸和设计文件及现场调查确认的结果作为抗震诊断的依据进行计算。目前很多部门都是利用计算机电算软件程序进行电算处理的，但诊断者对计算结果进行验核是非常重要的。最好使用得到官方认可的抗震诊断电算软件。

【名词解释】 **超声波探伤检查**

在不损伤被检物体的情况下检查物体缺陷的非破坏性检验（无损检测）。是一种利用人无法听到的超过 20 ~ 20000Hz（赫兹：频率的单位）的声波进行检查的方法。通过对探头发出的超声波反射回来的时间进行测定，就可以得知缺陷的位置（距离 = 声速 × 时间）。探伤仪显示的画面如图 2.3 所示。

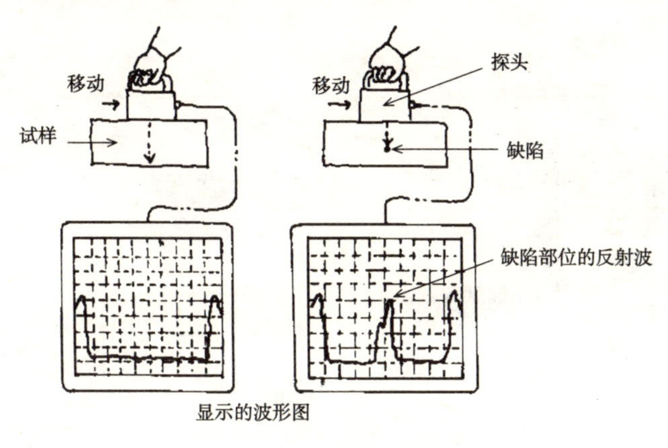

图 2.3 超声波探伤检查的原理

【名词解释】 **混凝土诊断师**

指具有日本混凝土工程学协会资格，在混凝土及钢筋等诊断中具有计划、调查及测定、管理、指导、判断资质，以及与质量下降有关的预测及对策等实施能力的技术人员。

怎样才能灵活地运用抗震诊断的“诊断次数（等级）”？

Answer 抗震诊断中计算标准是不同的“诊断次数（等级）”，分为一次诊断法、二次诊断法、三次诊断法。应根据抗震诊断的目的以及建筑物结构的特点选择诊断次数。诊断的次数越高，诊断的精度也就越高，而且也就需进行更详细的调查、复杂的计算，投入更多的成本。

抗震诊断次数的选定标准 **表 2.1**

<table>
<tr><th colspan="2" rowspan="2">项目</th><th colspan="3">诊断次数</th></tr>
<tr><th>一次诊断</th><th>二次诊断</th><th>三次诊断</th></tr>
<tr><td colspan="2">诊断者的标准</td><td>一般的人即可进行诊断</td><td>由结构技术人员进行诊断</td><td>由结构技术人员进行诊断</td></tr>
<tr><td colspan="2">目的</td><td>筛选</td><td>掌握抗震性能的现状及抗震加固修复</td><td>掌握抗震性能的现状及抗震加固修复</td></tr>
<tr><td rowspan="2">没有图纸时</td><td>调查量</td><td>小</td><td>中</td><td>大</td></tr>
<tr><td>成本</td><td>小</td><td>中</td><td>大</td></tr>
<tr><td rowspan="6">结构特性</td><td>剪力墙结构</td><td>适用</td><td>—</td><td>适用</td></tr>
<tr><td>框架结构（建有抗震墙）</td><td>否</td><td>适用*</td><td>适用</td></tr>
<tr><td>钢筋混凝土结构</td><td rowspan="2">用于对墙体量较多的建筑物进行鉴定。通过混凝土强度与截面积便可对柱子、墙的承载力进行大致估算的简便方法</td><td rowspan="2">柱子、墙的承载力、破坏形式、延性指标可根据一次诊断采用稍详细的估算法求出</td><td rowspan="2">也需考虑框架的屈服形态、墙的基础变形等</td></tr>
<tr><td>钢骨混凝土结构</td></tr>
<tr><td>钢结构</td><td></td><td colspan="2">也需考虑框架的屈服形态、墙的基础变形等。没有诊断次数</td></tr>
<tr><td>木结构</td><td>（任何人都可进行的自家抗震诊断）
普通用户通过 10 项问诊即可得知建筑物强弱的要点
（参见 Question9）</td><td>（一般诊断）
主要认定是否需要进行加固修复的方法</td><td>（详细诊断）
进一步对一般诊断（需要的强度、具有的强度）进行详细的诊断，主要用于研究加固设计时</td></tr>
</table>

* · 梁的强度明显弱于柱时（大跨度结构，单跨结构）需进行三次诊断（但也要与第二次诊断同时进行，并作出综合性的判断）。

· 即使在进行第二次诊断时，也应对架空层、单跨距连层抗震墙是否需要进行部分的三次诊断问题加以研究。

第一次诊断适合于多墙体建筑物的抗震诊断。另外，还可以考虑采用从许多建筑物中选择出特别危险的建筑物并排出优先顺序的标准（筛选）这一方法。作为实践性的方法，还有未能掌握现状抗震性能、判断是否需要加固并对加固进行研究而采用的二次诊断、三次诊断或两者并用等方法。

诊断次数的选定标准如表 2.1 与表 2.2 所示。

此外，在没有设计图纸资料或图纸资料不完备的情况下进行抗震诊断时，应通过现场调查对抗震诊断进行必要的检查。虽然也取决于建筑物的规模，但在对钢筋混凝土结构（RC 结构）进行第三次诊断以及对钢骨混凝土结构进行第二次诊断时，为绘制诊断所需的结构图，应进行检查。特别是为能检查柱、梁的配筋状况，就必须对结构主体进行剔凿以了解主体内钢筋的状况，因其规模宏大往往具有一定的困难。

没有设计图纸时进行现场调查的项目标准　　表 2.2

<table>
<tr><th>项目</th><th colspan="3">诊断次数</th><th>调查方法</th></tr>
<tr><td>跨距</td><td rowspan="7">第一次</td><td rowspan="12">第二次</td><td rowspan="15">第三次</td><td rowspan="7">用卷尺等进行实际测量</td></tr>
<tr><td>层数及层高</td></tr>
<tr><td>柱子截面尺寸</td></tr>
<tr><td>柱子内距高度</td></tr>
<tr><td>墙壁截面尺寸</td></tr>
<tr><td>腰墙及垂墙尺寸</td></tr>
<tr><td>墙壁开口尺寸</td></tr>
<tr><td>柱配筋</td><td rowspan="8"></td><td rowspan="2">剔凿主体露出钢筋</td></tr>
<tr><td>墙配筋</td></tr>
<tr><td>混凝土强度</td><td rowspan="2">采集试样</td></tr>
<tr><td>混凝土相对密度（普通、轻质）</td></tr>
<tr><td>柱筋、墙筋的屈服强度</td><td>剔凿主体拔出钢筋</td></tr>
<tr><td>梁断面尺寸</td><td rowspan="3"></td><td>用卷尺等进行实际测量</td></tr>
<tr><td>梁配筋</td><td>剔凿主体露出钢筋</td></tr>
<tr><td>梁筋屈服强度</td><td>剔凿主体拔出钢筋</td></tr>
</table>

资料来源：日本建筑防灾协会：2001 年改订版 原保存的《钢筋混凝土结构建筑的抗震诊断标准及解说》，2001 年

Question 5

都有哪些抗震诊断的计算软件？怎样对计算结果进行验核？

Answer 在对钢筋混凝土结构等的建筑物进行抗震诊断时，很多情况下都是需要利用电脑才能实施。抗震诊断程序中包括不同计算方法的各种电算程序，表 2.3 [2006 年获得日本建筑防灾协会抗震诊断鉴定的软件] 中列出了得到官方认可的程序。表 2.3 中的程序在抗震鉴定方面已得到日本建筑防灾协会的认可。

抗震诊断得到认可的程序软件一览表 **表 2.3**

软件名称		结构类别			诊断次数		
公司名称		RC	SRC	S	第一次	第二次	第三次
SCREEN-1・2ver3.01 （有）ST New Tec 研究会	ver.3.01	○	—	—	○	○	—
ACE 诊断 2001 （株）东京 DEKOO	ver.2	○	—	—	○	○	—
BUILD 抗震 RC Ⅰ & Ⅱ /2001 年标准 （株）结构软件	ver.4	○	—	—	○	○	—
DOC-RC （株）结构系统	ver.4.0	○	—	—	○	○	—
Super Build/RC 诊断 2001 联合系统	ver1.10	○	—	—	○	○	—
DEMOS SAFE-RC/2001 （株）NTT 数据	ver2/001	○	—	—	○	○	—
SCREEN-S （有）ST New Tec 研究会	ver.2.0	—	—	○	没有诊断次数		

抗震诊断评估程序软件只限于对钢筋混凝土结构（RC 结构）进行的第一次诊断、第二次诊断和对钢结构（S 结构）进行的诊断。没有对钢筋混凝土结构（RC 结构）进行第三次诊断和对钢骨混凝土结构（SRC 结构）进行各次诊断的评估软件。在进行钢筋混凝土结构（RC 结构）的第三次诊断及钢骨混凝土结构（SRC 结构）各次诊断时，虽不能得到评估但还是有相应的程序软件。毋庸置疑，诊断者在使用这些软件进行诊断时应对具体的操作方法特别加以注意。

另外，对于利用评估程序软件计算得到的解析结果，很多情况下往往还需要通过手工核算进行追加、修改。应当认识到软件不过是诊断计算的一种辅助工具(犹如计算器)，而且最后还需经过诊断者研究后对建筑物的抗震性能作出鉴定及认定。正如图 2.4 所示，计算机的作用在一系列流程中只占极小的一部分。软件的优点就在于能在很短的时间内将大量的计算样板化。诊断者在试用的过程中得到的解析结果是否合适，完全取决于诊断者的考虑判断。

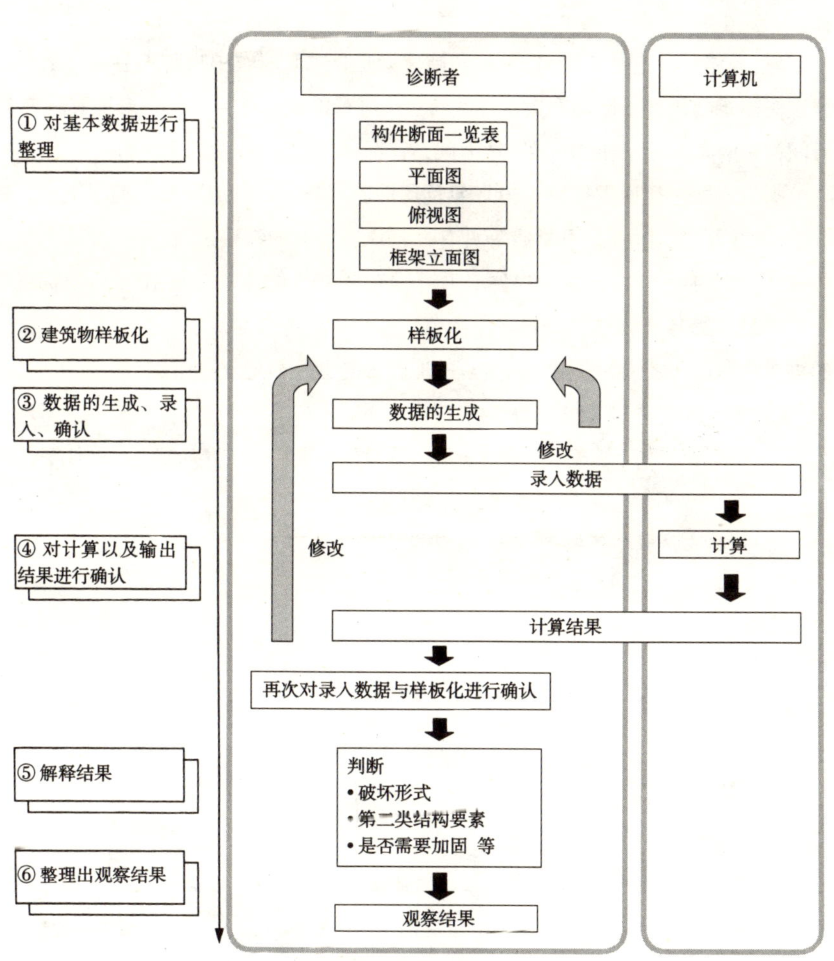

图 2.4 利用计算机进行的抗震诊断流程图

资料来源：日本建筑防灾协会资料

《抗震修复促进法》与《抗震修复促进法（修订）》是什么样的法律？

Answer 1995 年日本兵库县南部地震（阪神 · 淡路大地震）发生以后，为防止地震造成的房屋倒塌等灾害对国民生活及财产的危害，促进已建建筑物抗震性能的提高，1995 年 12 月《抗震修复促进法》出台并实施。但是到目前为止仍遗留有许多抗震性能差的建筑，最近日本还发生了新潟地震、福冈县西方湾地震等,2006 年 1 月开始实施进一步促进抗震修复的《抗震修复促进法(修订)》。

《抗震修复促进法（修订）》的实施背景是日本政府“中央防灾会议”上对大地震时建筑物破坏（倒塌间数、烧毁间数）进行的最大估算——东海地震：约 16 万间，东南海 · 南海地震：约 63 万间，首都直下型地震：约 83 万间。

据日本国土交通省推算，2005 年抗震性能差需要进行加固修复的建筑中，住宅约 4700 万户、医院及百货店等具有一定规模以上的特定建筑约 36 万栋（分别约占 25%），特别是木结构独户住宅（约 2450 万户）的 40%，约 1000 万户抗震性能均不足。2005 年秋季，据日本厚生劳动省报告，各种建筑物中占据“用于救援的重要救助点”之位的医院，其抗震的加固修复也并不充分。

《抗震修复促进法（修订）》的建筑物适用对象如下：

① 特定建筑物 [学校、医院、剧院、百货店、事务所、养老院、出租住宅（公寓）等不特定多数人利用的建筑物]。

② 对指定的紧急运输道路实行禁行的住宅、建筑物（参见图 2.5）。

③ 处理危险物的建筑物。

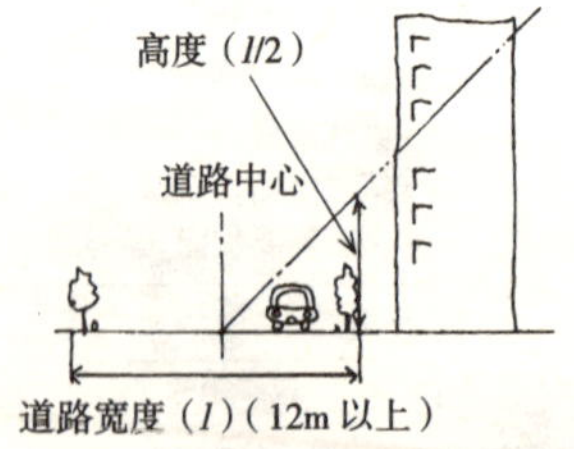

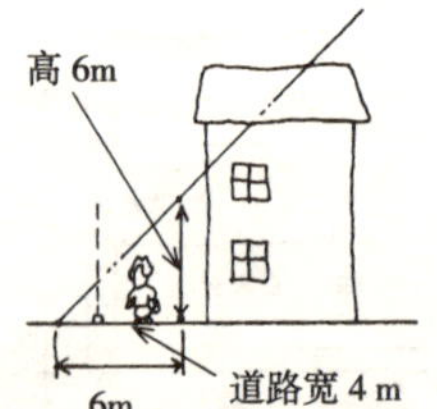

图 2.5　指定的紧急运输道路

抗震诊断及抗震修复的辅助制度都包括哪些内容？

Answer 随着《抗震修复促进法（修订）》的实施，还制定了国家、地方公共团体尽可能相互配合的救援制度（参见表 2.4）。另外，今后在各地方公共团体及各市町村，这些救援制度的内容会有所不同，所以需与所管辖的行政部门进行协商。

关于抗震诊断与抗震修复的救援制度概要　　　　表 2.4

<table>
<tr><th></th><th>单户独立住宅</th><th>公寓</th><th>建筑物</th></tr>
<tr><td rowspan="9">补助·补助金</td><td colspan="3">住宅及建筑物抗震修复等事业</td></tr>
<tr><td colspan="3">抗震诊断</td></tr>
<tr><td colspan="2">负担比例：国家 1/2 + 地方 1/2　或者
国家 1/3 + 地方 1/3 + 所有者 1/3</td><td>国家 1/3 + 地方 1/3 + 所有者 1/3</td></tr>
<tr><td colspan="3">抗震修复</td></tr>
<tr><td colspan="3">国家 7.6% + 地方 7.6%</td></tr>
<tr><td colspan="3">其他事业示例</td></tr>
<tr><td colspan="3">国家 1/2 + 地方 1/2</td></tr>
<tr><td colspan="3">2006 年预算　国家出资 20 亿日元（2005 年）→ 130 亿日元（2006 年）+ 30 亿日元（2005 年追加修正）</td></tr>
<tr><td colspan="3">区域住宅补助金 / 城镇建设补助金
由地方公共团体单独提案的事业</td></tr>
<tr><td>融资制度</td><td colspan="2">住宅金融公库（金融合作社）融资</td><td>日本政策投资银行融资（促进环境保护型社会形成的事业）</td></tr>
<tr><td rowspan="3">税制</td><td colspan="2">住宅贷款减税制度
10 年间，从所得税中扣除贷款余额的 1%</td><td rowspan="3"></td></tr>
<tr><td colspan="2">促进抗震修复税制</td></tr>
<tr><td colspan="2">购买二手房时的贷款减税</td></tr>
</table>

资料来源：日本国土交通省网站主页（摘要）

日本都有哪些官方的抗震认定机构?

Answer 在进行抗震诊断及抗震加固修复时，需得到官方第三者机构的鉴定或认定。应到所辖区的特定行政部门进行咨询。日本官方第三者鉴定认定机构如表 2.5 所示。此外，因认定机构进行认定的所需时间、诊断方法、费用有所不同，所以应事先进行确认后再开始实施抗震诊断及加固修复计划。

日本官方抗震诊断实施机构与抗震诊断及加固修复认定机构 **表 2.5**

官方抗震诊断实施机构	抗震诊断	抗震及加固修复评定
社团法人 建筑研究振兴协会 http://kksk.or.jp/	○	○
独立责任中间法人 结构调查咨询协会（STREC） http://strec.org/main.htm	○	○
社团法人 建筑师事务所协会 http://www.taaf.or.jp/index01.html		○
社团法人 日本结构技术者协会（JSCA） http://www.jsca.or.jp/	○	○
财团法人 日本建筑防灾协会 http://www.kenchiku-bosai.or.jp/	○	○
NPO 法人 抗震综合安全机构（JASO） http://www.jaso.jp/menu.html	○	○
社团法人 东京都防灾 · 建筑城镇建设中心 http://www.tokyo-machidukuri.or.jp/		○ （仅限于东京都内）
社团法人 优秀住宅 http://www.blhp.org/	○	○

注：抗震诊断：抗震调查、诊断，乃至加固修复计划，是否能够得到实施。
抗震及加固修复评定：由有学识的经验者及具有资格的人组成的评定委员会对抗震诊断、加固修复计划适合与否进行认定。

是否有简单易行的抗震性能判断标准？

Answer 下面我们以钢筋混凝土结构（RC 结构）为例，对抗震诊断作一个大致说明。正如图 2.6 中所示的流程图那样，应对地形、建筑物的形状、老化状况进行调查，并将调查结果分为“认为是安全的”、“最好进行诊断”和“应当进行诊断”3 类。

图 2.7 表示各缺陷的判断标准。关于木结构建筑，可以采用下述方法，即参照“任何人都可进行的自家抗震诊断”问诊表进行核查，并通过各个项目的综合评分以大致的标准进行认定（参见日本建筑学会网站主页）。

START
建设年代
1981 年以后
1980 年以前
地形
不好
良好
老化状况
大
小
结构种类
混合结构
相同结构
结构形式
剪力墙结构
框架结构
有无架空层
有
无
平面形状
不良
良
立面形状
不良
良
有无架空层
有
无
平面形状
不良
良
立面形状
不良
良
层数 3
>
（4 层以上）
（3 层以下）≤
建设年代
1970 年以前
1971 年以后
有无架空层
有
无
认为是安全的
最好进行诊断
认为是安全的
应当进行诊断
认为是安全的

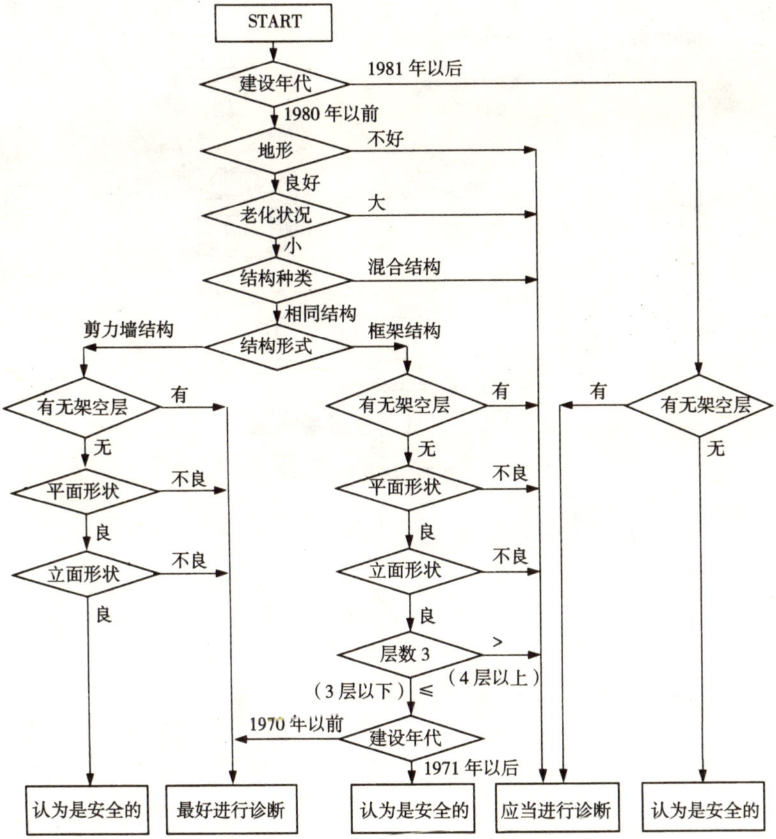

注：建设年代与设计年代不一致时，可将设计年代作为建设年代看待。

图 2.6 简易诊断流程图（钢筋混凝土结构）

资料来源：日本建筑学会网站主页 http://www.aij.or.jp/

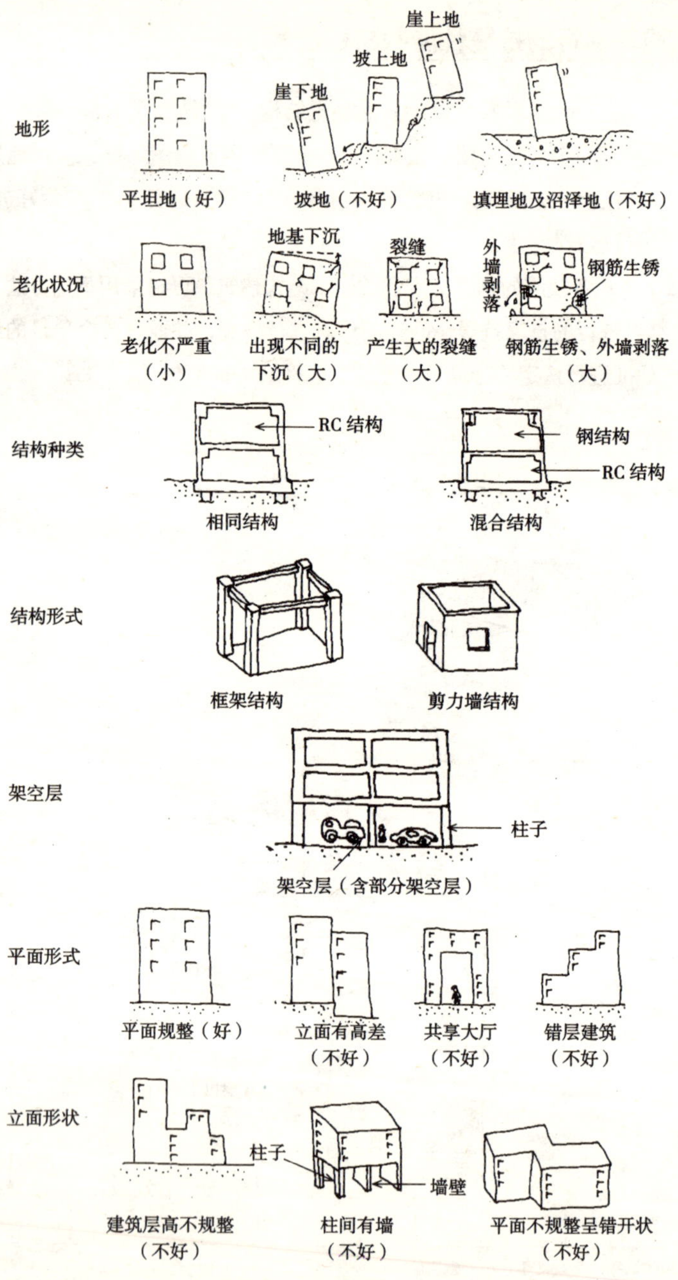

图 2.7　各缺陷的判断标准

资料来源：摘自日本建筑学会网站主页

第 *3* 章

关于建筑结构的 Q&A

日本建筑物抗震标准是如何变迁的?

Answer 日本的《建筑标准法》于1950年出台，其后曾发生过数次地震，其间为能提高建筑物的抗震性能又不断地对《建筑标准法实施令》进行了补充、修改。表3.1中所示的是近年主要发生的地震及以此为教训对《建筑标准法（抗震标准）》进行修订的变迁。

日本近年发生的主要地震与《建筑标准法》的变迁（概要）　　表3.1

1924年	1950年	1971年	1981年	2000年
对《城市地区建筑物法》进行修订 增加了地震烈度法	制定《建筑基本法》	对《建筑基本法》进行第一次修改	对《建筑基本法》进行第二次修改"新抗震设计法"	对《建筑基本法》进行第三次修改《容许应力度等计算法》
1923年 关东大地震（M7.9） 1948年 福井地震（M7.1）	1964年 新潟地震（M7.5） 1968年 十胜湾地震（M7.9）	1978年 宫城县海底大地震（M7.4）	1995年 兵库县南部地震（M7.3）	

◆ 1923年9月1日：关东大地震：M7.9	震中为相模湾海底，关东地方南部地壳发生巨大变动。震中位于大都市东京、横滨附近，受灾严重
◆ 1948年6月28日：福井地震：M7.1	震中为越前平野，为城市直下型地震，局部受灾。特别是震中附近，受到100%的破坏
◆ 1964年6月16日：新潟地震：M7.5	水位升高，绳文时代的砂土地基出现液化
◆ 1968年5月16日：十胜湾地震：M7.9	震中位于襟裳岬湾南东南120km处
◆ 1975年4月21日：大分县中部地震：M6.4	为城市直下型地震，所以上下方向的最大加速度为横向波动的1/2左右
◆ 1978年1月14日：伊豆大岛近海地震：M7.0	主震发生在大岛与伊豆半岛之间一带，余震发生在伊豆半岛的中央部位。地震后发现自稻取至西北出现断层
◆ 1978年6月12日：宫城县海底大地震：M7.4	震中位于仙台东方115km的海底，产生的断层面深。仙台市的最大加速度在软弱地基上为250 ~ 300gal，硬质地基上为150 ~ 180gal，地面南北方向的振动特别厉害
◆ 1995年1月17日：兵库县南部地震：M7.3	震中在明石海峡下，断层直达神户侧与淡路侧。为大都市直下型地震，从神户市至西宫市宽1km、长20 km地区的地震烈度达7度

资料来源：《抗震结构的设计》、《通俗易懂的结构设计》，日本建筑学会关东分部

在 1971 年修改的《建筑基本法实施令》中增加了通过增加柱子箍筋确保柱子延性等规定，提高了抗震标准。

1981 年修改的《建筑基本法实施令》增加了结构方面的相关规定，被称为“新抗震设计法”。在“新抗震设计法”中，为使抗震性能得到进一步的提高，对建筑物结构形状不规整、某楼层与其他楼层相比容易变形、重心偏移的墙壁在地震时容易出现晃动等作了规定。另外，还对设计目标进行了规定。亦即在分两个阶段对地震力加以考虑后，应以建筑物在耐用年限中可能遭到数次地震烈度 5 度的地震仍可以保持建筑物的功能，建筑物即使在耐用年限中遭到一次烈度 6 度至 7 度的大地震造成建筑物的框架部分损伤但却不会发生倒塌以致造成人员伤亡为目标进行设计。

这样，现行的建筑标准与以前的标准相比，抗震安全性的验证内容更加完善，但修订后的标准无法溯及已经建好的建筑物，所以许多已建的建筑物都属于不符合现行标准的“已建不合格建筑”。

在 1995 年 1 月发生的日本兵库县南部地震（阪神 · 淡路大地震）中可以看到很多在现行标准之前修建的已建不合格建筑发生的房毁屋塌，以此为契机，1995 年开始实施了《关于促进建筑物抗震修复的法律法规》（抗震修复促进法）等相关法令，2006 年 1 月又进行了修改以使该法规得到进一步的完善。

2000 年，随着建（构）筑物的多样化、解析及施工技术的进步等，除传统的设计法外又增加了明确规定建（构）筑物的性能并对其性能进行鉴定的界限屈服强度法，以前的计算方法则成为允许应力度等的计算方法。

建筑的抗震设计都包括哪些内容？

Answer 这是一种针对地震力，确保结构上所要求的安全性而采用的设计手法。在现行的抗震设计法中，建筑物要求的结构性能可用表3.2表示。

建筑物的结构性能 表 3.2

荷载及外力的规模	建筑物状态	人身安全	建筑物的功能	结构构件的状况	非结构构件状况	修补及再次使用
发生频率较高的中等规模的地震	没有损伤	安全	可以保持	构件均在允许应力内，未出现大的裂缝	建筑设备未出现损伤，外装材料即使出现损伤也很轻微	几乎都不需要进行修补
极为罕见的大规模地震	没有倒塌	安全	—	有的构件完全损坏，有的变形，有的出现很大的裂缝	外装材料、建筑设备未出现损伤	能否再次使用取决于调查结果。可以再次使用时应进行修补

根据这些性能大致可准备三种抗震设计法（结构计算）。

除超高层建筑或采用特殊的结构方法外，计算方法可根据设计者的判断加以选择。

（1）允许应力强度等的计算

1981年对《建筑基本法》进行了修改，“新抗震设计法”出台，提出了分两个阶段对地震力加以考虑，并分别按一次设计法和二次设计法实施。一次设计法（允许应力强度设计或弹性设计）是一种对发生频率较高的中等规模的地震，在强度上要求更为安全的确认方法，前提条件是结构构件的柱子、梁、剪力墙不会产生较大的裂缝（不受损伤），其目标是人身安全与震后建筑物功能可以得到保障。对于极为罕见的巨大地震，如果采用弹性设计则构件体积大而且不经济，所以可以采用允许结构构件的柱子、梁、剪力墙出现部分破坏、变形、裂缝的二次设计法（安全屈服强度设计或塑性设计）对安全加以确认。

在该设计中，还对按结构种类进行的计算以及与质量、施工等有关的规格作了规定。

“新抗震设计法”前的建筑物采用的是我们所说的一次设计法的计算方法，所以可以说因结构性能不完备无法应对大地震的建筑很多。

（2）界限承载力的计算

对结构要求的性能（损伤界限及安全界限）进行明确的规定，并规定了该性能鉴定方法。损伤界限（参见“名词解释”）是针对发生频率较高的中小规模的地震，确认施加于建筑物的地震产生的力是否在损伤界限承载力以下。安全界限（参见“名词解释”）则是指发生极为罕见的大地震时，为防止发生伤及人员生命安全的房倒屋塌而对是否处于安全界限承载力以下进行的确认（图 3.1）。

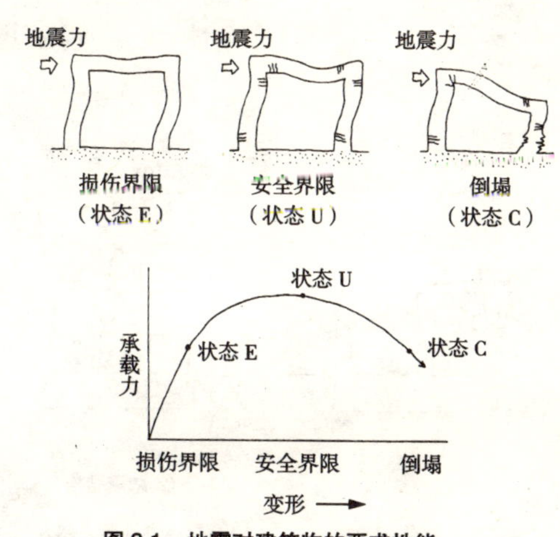

图 3.1　地震对建筑物的要求性能

与上述一次设计法、二次设计法相同，该设计法中对按两个阶段对地震力进行确认的方法也是一样的。规定荷载及外力要尽可能符合于现状，而且因地震力需根据振动理论直接计算出地震时的反应，所以上述的二次设计法就与施工规格说明书中规定的方法完全不同。另外，不仅是对承载力进行鉴定，也是着眼于变形的计算方法。

（3）根据相关部门大臣认定的标准进行结构计算（高度超过 60m 的建筑物）

指通过对指定的地震波及模拟地震波的应答解析及能量法预测地震时的反应，并对抗震性能进行鉴定的计算。

【名词解释】 **损伤界限与安全界限**

① 损伤界限：对于中等规模的地震，柱子、梁、剪力墙等结构构件不会出现损伤。对于在建筑物的耐用年限中可能发生若干次的中小地震，不会造成建筑物损伤，震后仍可继续使用。

② 安全界限：大地震时也能确保安全的界限。指在建筑物的耐用年限中可能遇到的极为罕见的大地震时，不会发生造成人员伤亡的房倒屋塌的安全界限。

Question 3

都有哪些针对抗震设计的建筑物结构?

Answer 若在抗震设计中对建筑结构的抗震性加以考虑，可分为①抗震结构、②减震结构、③隔震结构三种。

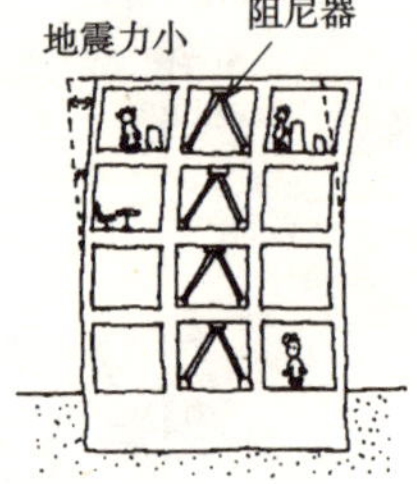

隔振垫

隔震层

① 抗震结构

- 楼层越高地震力越大
- 层间变形大
- 晃动严重
- 强度与延性可抵御地震
- 在大地震中，允许有部分的损伤

② 减震结构

- 楼层越高地震力越大
- 层间变形小
- 可对晃动稍有控制
- 通过阻尼器吸收地震力
- 在大地震中可减少柱子、梁的损伤

③ 隔震结构

- 地震力小
- 层间变形小
- 轻微晃动
- 通过隔振垫吸收地震力
- 在大地震中几乎没有损伤

图 3.2　抗震结构、减震结构、隔震结构

(1) 抗震结构

抗震结构就是中小地震发生时利用柱子、梁、剪力墙（参见 Question 5）的承载力抵御地震、大地震发生时利用延性抵御地震的结构。结构形式大致可分为框架（德文：Rahmen，英文：frame）结构与剪力墙结构（图 3.3）。所谓框架结构就是由梁和柱子构成的框架结构，中高层公寓以及很多建筑都采用这种结构。所谓剪力墙结构则是没有柱子、梁，仅由墙壁和地面构成的建筑物，一般多用于多层公寓。有报告说在日本兵库县南部地震（阪神 · 淡路大地震）中这种结构受到的破坏较小。可以认为是由于配置的剪力墙（承重墙）多、强度大，所以称得上是抗震性能高的结构。

(2) 减震结构

指通过在抗震结构的建筑物内设置阻尼器来抑制振动，减轻柱子、梁等主要结构构件损伤的结构。针对大地震设计的阻尼器，多采用安装减震器（衰减器、

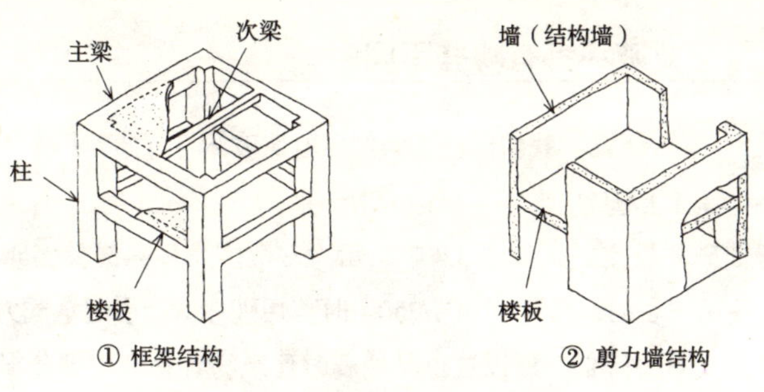

① 框架结构　　② 剪力墙结构

图 3.3　框架结构与剪力墙结构

阻尼器）的方法。应明确建筑的结构、阻尼引起的地震力的方向后再选择减震器。最近减震器已开始用在高层建筑及已建建筑物的抗震加固方面。

（3）隔震结构

一种在建筑物的基础部位或中间层设置隔震构件以使施加于建筑物的地震力引起的横向振动得到抑制，并使建筑物的晃动频率放缓的结构。与在过去的抗震结构中认为放在第一位的是如何保护人员的生命安全，柱、梁、墙等中出现某种程度的损伤是不可避免的观点不同，这种方法是为了设计出一种通过减小地震对建筑物结构造成的损伤，在大地震过后仍可继续使用、抗震性能更好的建筑物。最近，在公寓、医院等建筑中也采用了这种结构。

剪切破坏与弯曲破坏都有哪些不同?

Answer 下面，我们以柱子为例对剪切破坏与弯曲破坏作一个说明。

(1) 剪切破坏 (shear failure)

先于弯曲破坏发生。正如图 3.4 中所示，一般多发生斜线及 X 形的破坏。当层间位移（参见“名词解释”）小（1/250）时剪切破坏就会引起承载力的急剧下降及上下方向的支承力降低，所以这也是地震时建筑物容易产生部分损伤或破坏导致整栋建筑物发生倒塌的原因所在。特别是当柱子、垂墙及腰墙为一体时，我们将柱子内距净高（图 3.4 的 h_0）小、短柱化（h_0/D=2 以下）的柱子称为极脆性柱子，即使是非常小的变形（1/500）也有可能引起破坏。

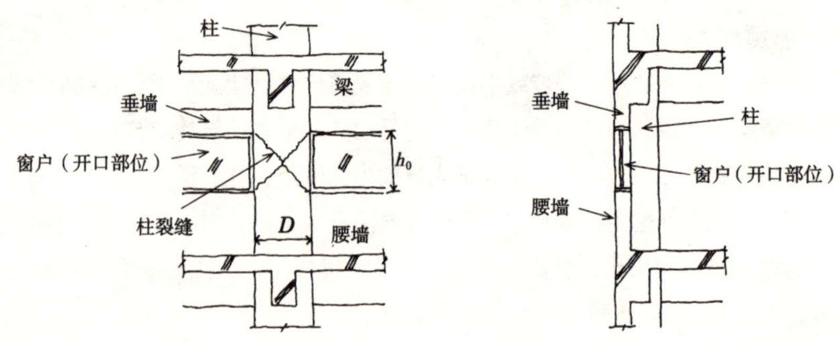

图 3.4 剪切破坏示意图

(2) 弯曲破坏 (bending failure)

指先于剪切破坏发生。如图 3.5 中所示，一般多在柱子的上部、底部出现横向裂缝。这是一种延性破坏，即当采用所期望的弯曲破坏延性性构件时，即使出现 1/50 的层间位移，承载力、垂直支承力（上下方向的支承力）也不会急剧下降。

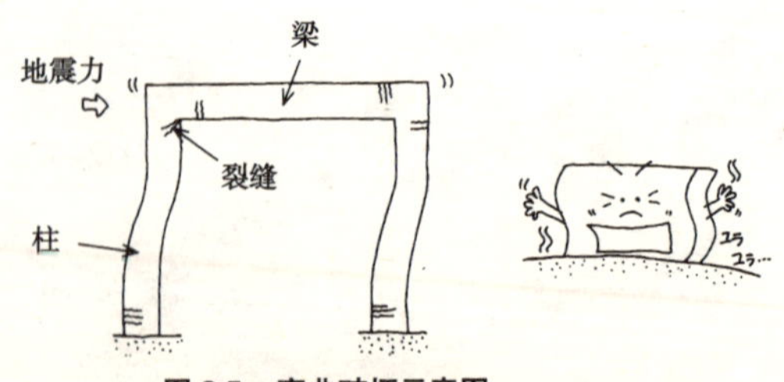

图 3.5 弯曲破坏示意图

(3) 剪切破坏与弯曲破坏

"新抗震设计法"出台前，许多建筑物都是采用这些受各种不同破坏影响的构件。通过对建筑物抗震性的变形情况进行鉴定，可对该建筑物震后的状况及所采取的加固修复措施作出预测。例如，在图 3.6 和图 3.7 所示的具有强度与变形性能的建筑物一例中，当建筑物变形界限的层间位移为 1/250 时，剪切构件就会受到破坏，而在最大承载力以下时弯曲构件则不会破坏。当变形界限为 1/82 时，剪切构件会受到破坏，部分弯曲构件也会受到破坏。因此，认真掌握建筑构件的性状及相互的均衡等，进行抗震鉴定、认定、加固修复是极为重要的。

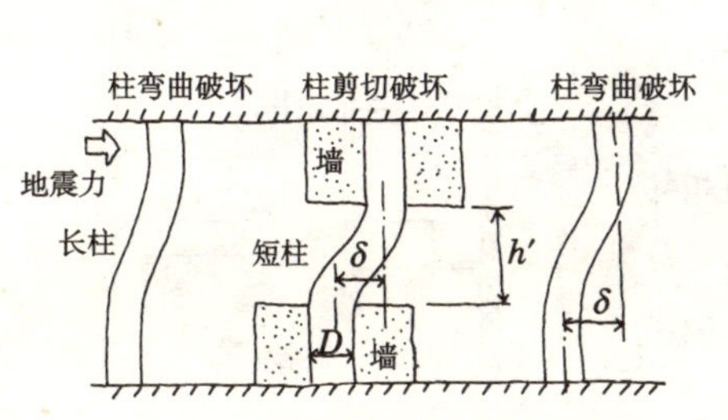

图 3.6　弯曲破坏构件与剪切破坏构件（短柱）

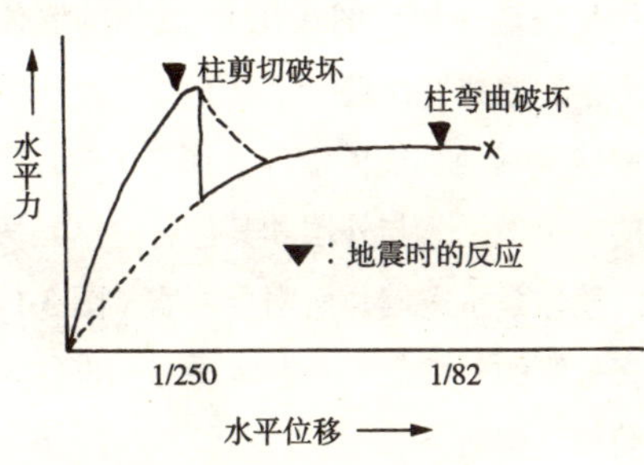

图 3.7　剪切破坏与弯曲破坏构件的水平力与水平位移的关系

【名词解释】 **层间位移与层间位移角**

地震横波造成建筑物变形时，楼层楼板与其上方或下方地面水平方向的变形就叫做层间位移，层间位移所产生的角度即称为层间位移角。

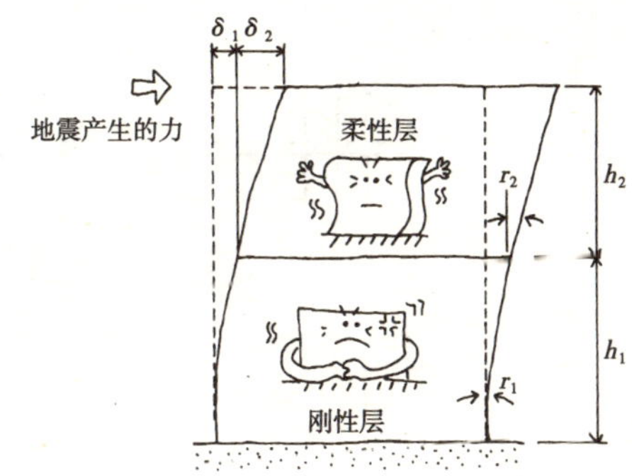

$\delta_1<\delta_2$，$r_1<r_2$

各层的层间位移角

二层：$r_2=\delta_2/h_2$

一层：$r_1=\delta_1/h_1$

其中：

δ_1，δ_2：水平位移量

h_1，h_2：层高

图 3.8　层间位移与层间位移角

抗震墙（剪力墙）都具有哪些作用？

Answer 抗震墙是指钢筋混凝土结构（RC 结构）或钢骨混凝土结构（SRC 结构）建筑物所配置的墙体中可承受地震力的墙体（图 3.9）。有周边有梁、柱的抗震墙，也有设有开口部位的抗震墙。设有开口部位的抗震墙在开口部位面积为该墙体面积的约 16% 以下时方可作抗震墙使用（图 3.10）。其他的墙体也称为杂用墙或二次墙，主要指具有建筑物防火性能及其他功能的墙体。图 3.9 是公寓建筑的一个例子。与外墙和其他各户单元房相邻的墙体是抗震墙，而阳台外墙（图 3.11）及玄关侧的外墙等则是非承重墙（也称为杂用墙或二次墙）。

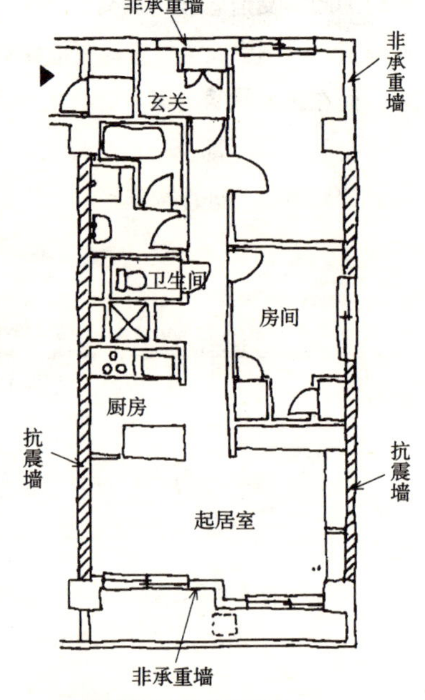

图 3.9　公寓建筑的抗震墙

抗震墙具有很大的刚度与承载力，而且地震动（地面振动）所产生的水平力会集中作用在抗震墙上。因此，地震时通过这些抗震墙上产生的裂缝便可吸收地震能量。可以

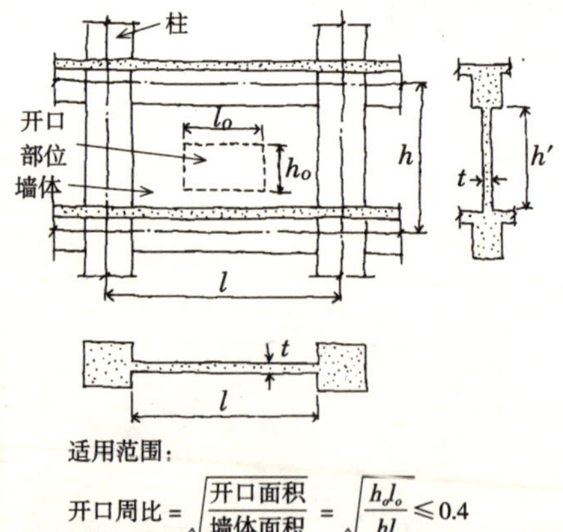

适用范围：

$$开口周比 = \sqrt{\frac{开口面积}{墙体面积}} = \sqrt{\frac{h_o l_o}{hl}} \leqslant 0.4$$

图 3.10　设有开口部位的抗震墙条件

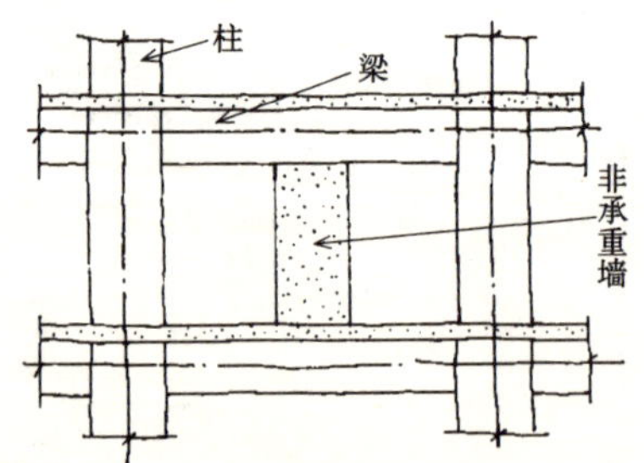

图 3.11　立面图（阳台侧）非承重墙（杂用墙或二次墙）

说一般建筑的抗震墙越多承载力和刚度就越高，抗震性能也就越好。但是因抗震墙集中了地震产生的水平力，所以结构上的配置不均衡就会带来一定的恶果。在日本兵库县南部地震（阪神 · 淡路大地震）中，一层为架空层（参见“名词解释”）或抗震墙配置不均衡（偏重于一边）的建筑物倒塌严重。另一方面虽然仅由抗震墙构成的剪力墙结构在发生日本兵库县南部地震（阪神 · 淡路大地震）时几乎也都遭到了破坏，但抗震墙仍是可以抵御地震的重要的结构要素（图 3.12、图 3.13）。

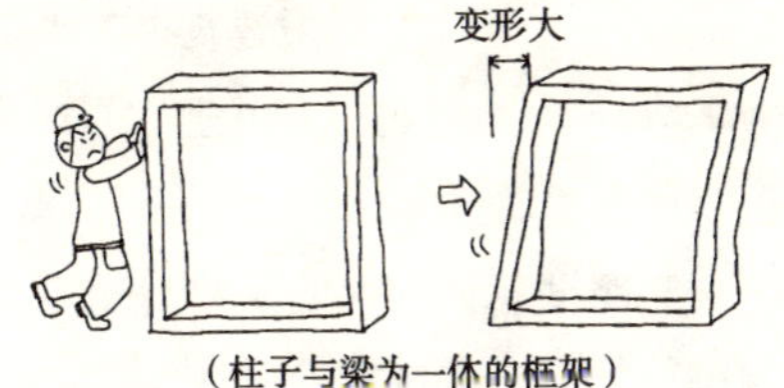

当水平方向的力作用于框架时，产生变形就会很大。具有一定的刚度时变形就小。

图 3.12　普通的框架结构

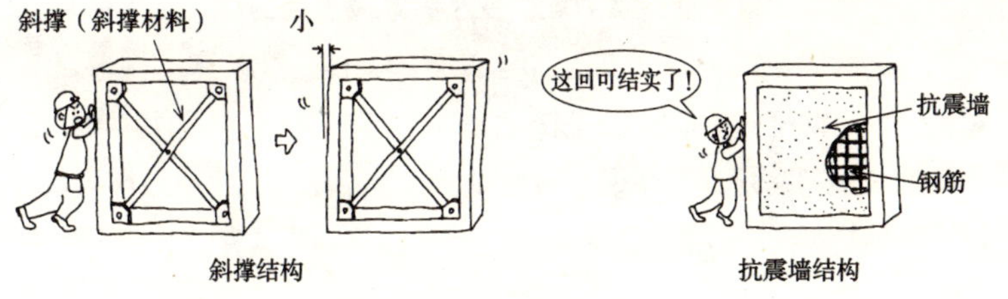

（柱与梁为一体的框架采用斜撑材料及抗震墙）
为使图 3.10 中的框架变形减小，设置了抗震墙。刚度加大后几乎不再变形。

图 3.13　斜撑结构、抗震墙结构举例

【名词解释】 **架空层**

（<法文>pilotis）

指上下方向连续设置的抗震墙在楼房底层（1F）即被中断的部分，亦即楼房架空、底层开敞、用柱支撑的建筑样式。一般公寓建筑中的 1F 为停车场，2F 以上为住户。住户层各户的单元房隔墙（抗震墙）在 1F 则只留有框架部分（图 3.14）。

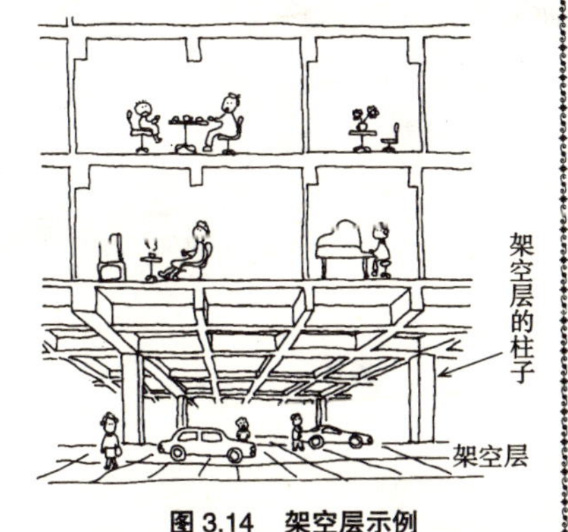

图 3.14　架空层示例

Q 6 uestion

地震引起的晃动是否因建筑结构的不同而有所差异？

Answer 一般建筑物在地震力的作用下会产生固有的晃动。这是因为建筑物具有由建筑物刚度及质量决定的周期（固有周期）。

固有周期　$T=2\pi\sqrt{m/k}$（m：质量，k：刚度）

当刚度相同时，建筑物自重越大固有周期就越长，晃动的幅度也就越大，频率就越低。在自重轻的建筑物中，固有周期就会变短并呈小幅度高频率晃动。另外，当为质量相同的建筑物时，刚度越高固有周期就越短并呈小幅度快频率晃动；相反，刚度越小周期就越长并呈大幅度低频率晃动（图 3.15）。

一般高度相同的建筑物，钢筋混凝土结构（RC 结构）要比钢框架结构（S 结构）、剪力墙结构要比框架结构的刚度高，固有周期要短。另外，在超高层建筑中，固有周期长作用于建筑物的地震力就会变小。地震引起的晃动因建筑结构的不同而异。

对于固有周期短的中低层建筑来说，作用于建筑物的地震力就大；相反，对于固有周期长的超高层建筑来说，与地面相比作用于建筑物的地震力就会变小。对于短周期的建筑物来说，地震引起的晃动因建筑物所具有的固定周期的不同而有所不同。

图 3.15 是在振动台上将固有周期不同的振子按由小到大的顺序增加地震动（地面振动）后，将各振子的最大反应速度用曲线表示的图形。在固有周期最短的 T_1 振子中，比地表面地震力大的外力在起作用，因振幅大周期短，所以便会出现“嘎啦嘎啦”的小幅度高频率晃动。在固有周期最长的 T_4 振子中，比地表面地震力小的外力在起作用，因振幅小周期长，所以便会出现“轻轻晃动”的大幅度低频率晃动。

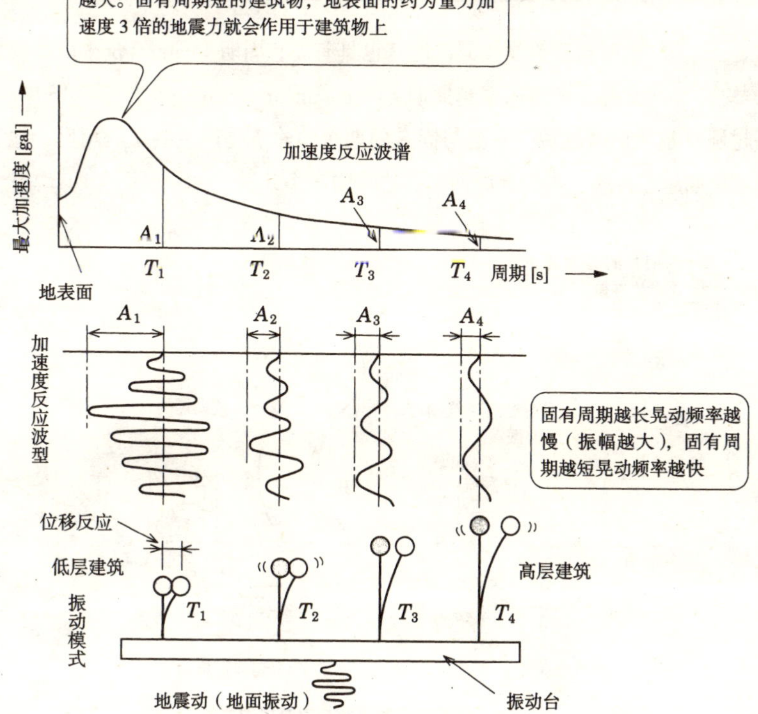

A：振幅：表示晃动幅度。已感觉到地震，感到“现在晃动得好厉害呀”，说明振幅越大感觉越强烈。($A_1 > A_2 > A_3 > A_4$)

T：固有周期（$T_1 < T_2 < T_3 < T_4$）

图 3.15　建筑物的固有周期与作用于建筑物的地震力的不同点

地震时地面运动对建筑物产生的振动是否与地基有关?

Answer 与建筑物相同，地基也具有固有周期（natural period），我们将此称为地基的卓越周期（predominant period）。正如图 3.16 中所示，地基越硬卓越周期就越短，并会与固有周期短的建筑物产生共振。相反，地基越软卓越周期越长，就会与固有周期长的建筑物产生共振。

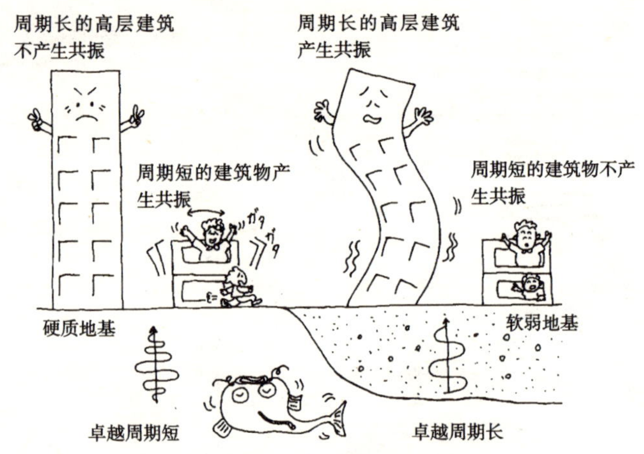

图 3.16　地基的卓越周期与建筑物的共振

当为软弱地基时，因其具有可将来自地下深处震源的地震动增幅的作用，所以震源处地基的振动即便并不是太大，也会像图 3.17 中所示的那样地表表面出现很大的地震动，而且如图 3.18 中所示，软弱地基的地基层越厚就越厉害。另外，也有因山崖地、局部高地等地形而使地震动增幅的。

表 3.3 是 1980 年日本国土交通省（原日本建设省）告示中规定的地基种类。现行设计中将地基种类分为第一种地基～第三种地基，规定第一种地基是最硬的地基、第三种地基是最软的地基。因地基越软固有周期长的地段地震力就越大（图 3.19），所以就形成了参考这些因素的设计法。

即使发生地震，受灾的程度也会因区域（地基、地形）的不同而有所不同。这是因为不同因素造成的地表表面地震的大小也不相同。

因日本特别行政厅公布了根据地基等信息绘制的不同地区地震预测图，所以就可以知道建筑用地的地震危险度了。

地基引起的地震力的增幅作用为：地基越软、越厚，作用于建筑物的地震力就越大

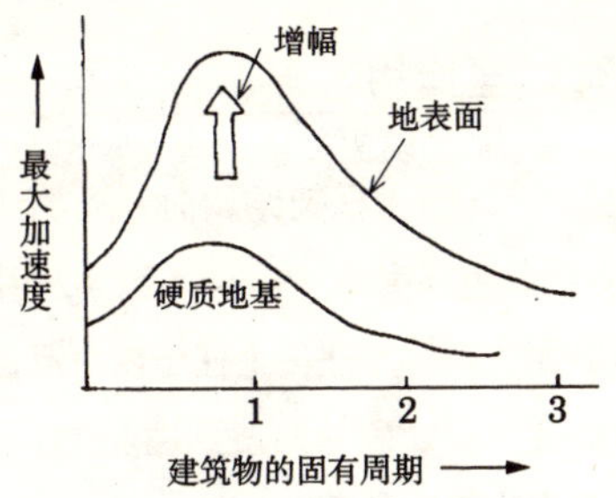

图 3.17 地基引起的增幅作用

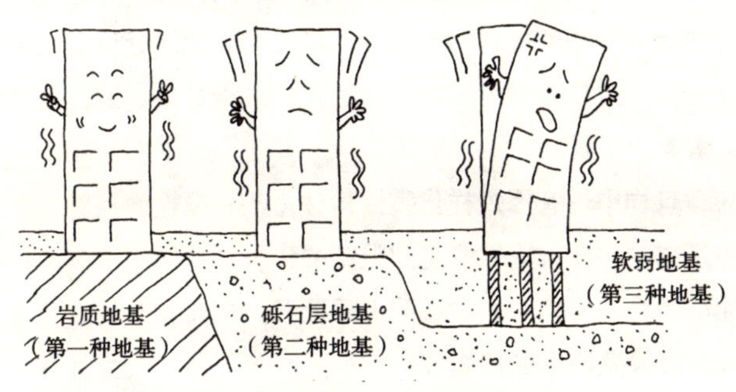

图 3.18 地基引起的晃动不同

地基种类 [1980 年日本国土交通省（原日本建设省）告示第 1793 号] 表 3.3

第一种地基	主要为岩质地基、硬质砾石层，以第三纪以前的地层构成的地基，或根据对地基周期等进行调查、研究的结果认为具有同等程度地基周期的地基
第二种地基	除第一种地基与第三种地基外的其他地基
第三种地基	类似于腐殖土、泥土等土质构成的冲积层（含填土层），其厚度约 30m 以上，且根据对其堆积不足 30 年或地基周期等进行调查、研究的结果认为具有同等程度的地基周期的地基

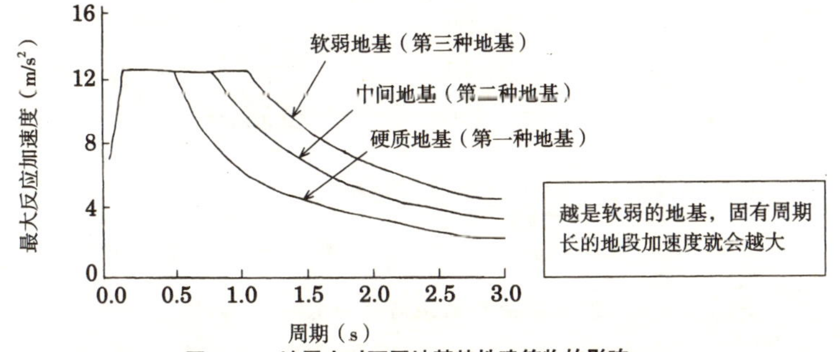

图 3.19 地震力对不同地基特性建筑物的影响

构造缝都有哪些作用?

Answer 当为框架结构时，人们所不希望看到的就是同一楼层的柱子内距高度不一。正如图 3.20 中所示，特别是杂用墙与柱子或梁呈一体式安装出现的包括短柱化（柱子内距高度 h_0/ 柱子宽度 $D \leqslant 2$）的柱子或短跨距的梁时，也会因剪切破坏而使延性受损，而且这些因不具延性而遭到脆性破坏的构件也就成为建筑物的薄弱环节，是造成建筑物倒塌的原因所在。图 3.22 ~ 图 3.25 是各种短柱化的柱子及短跨距化的梁遭到破坏的具体案例。

当现有的设计无法解决这些问题时，可以在杂用墙处设置构造缝，通过截断柱子、梁及边框消除杂用墙的约束并作为长柱进行处理，这样便可成为具有延性的结构了（图 3.20、图 3.21）。

已建的建筑物中也有因短柱化脆性构件（不具延性遭到脆性破坏的构件）的破坏而使建筑物的整体抗震性能受到限制的建筑物，例如因该部件的破坏致使周围的构件无法承受住以前一直承载的上部荷载，从而造成楼板坠落。对于这样的建筑物，应通过设置防震缝使脆性构件得到改善，使之成为具有延性的构件，从而防止局部受到破坏。这在抗震方面也不失为一种行之有效的加固修复措施。

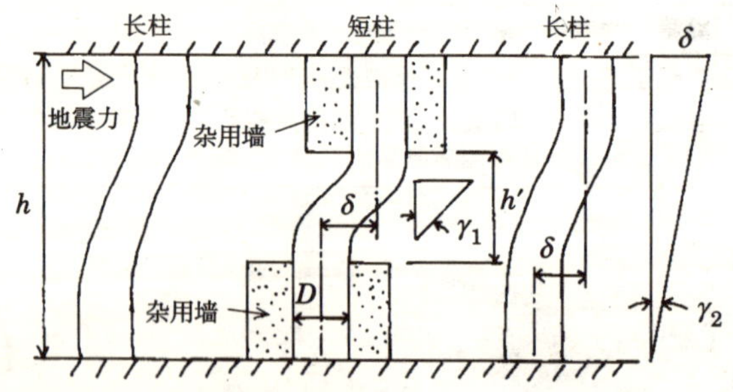

地震力造成的同一层各构件的变形量（ δ ）是相同的。当杂用墙等与柱子呈一体化安装时，该部分的变形就会受到约束，长柱与短柱的变形角度($\gamma_1>\gamma_2$)就会有不同。柱子内距高度 h' 越小变形角度就越大，所以应力就容易集中并发生脆性破坏。
通过构造缝可以消除杂用墙的约束，从而使构件的延性得到改善。

图 3.20　长柱与短柱的构件变形角度 γ（ δ/h ）的不同

短柱化的柱子遭到破坏的案例：因腰墙、垂墙与柱子呈一体化安装，柱子的净内距高度减小，所以柱子出现剪切裂缝，门扇变形（图 3.22、图 3.23）。与短柱相同，由杂用墙造成的破坏案例：侧墙安装在梁处，出现短跨距化（梁的净内距长度变小）的梁遭到破坏，具体情况（梁下为窗户的开口部位）如图 3.24、图 3.25 所示。

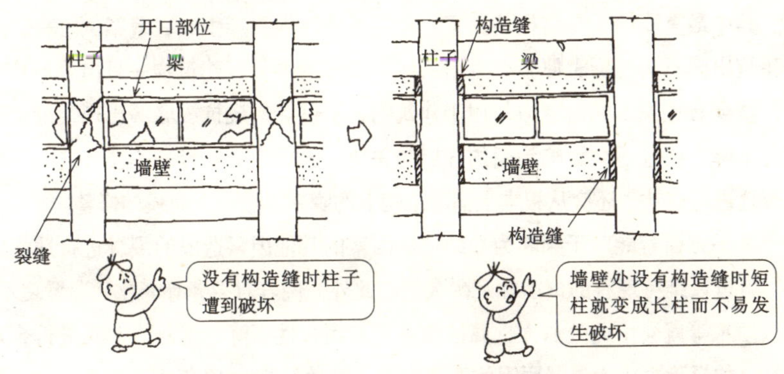

图 3.21　防震缝的作用：由柱子和墙壁（腰墙、垂墙）的无缝连接造成的长柱化

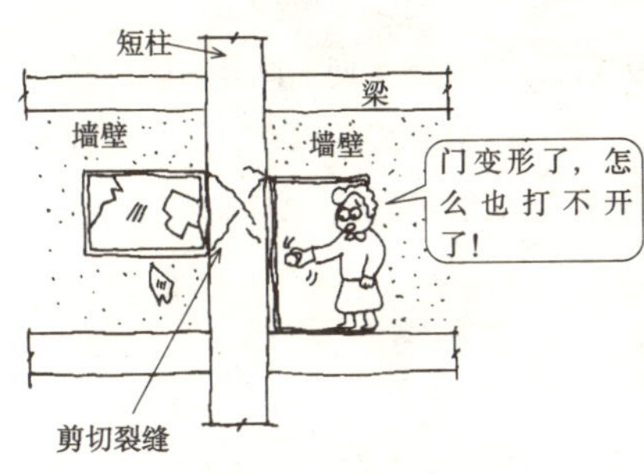

图 3.22　短柱化的柱子遭到破坏示例

图 3.23　短柱化的柱子遭到破坏示例

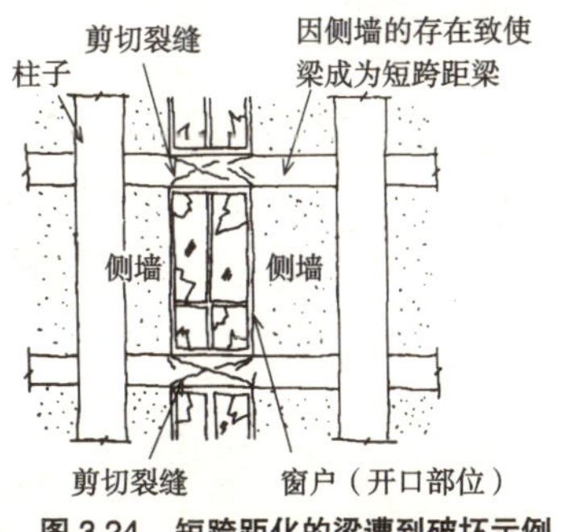

图 3.24　短跨距化的梁遭到破坏示例

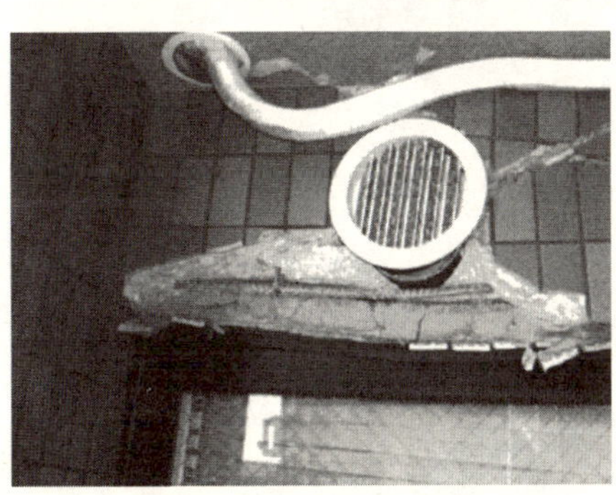

图 3.25　短跨距化的梁遭到破坏

出现裂缝抗震性能还能得到保证吗?

Answer 混凝土建筑自建成之日起就开始老化，也有因老化抗震性能下降的。最具代表性的老化现象就是裂缝。裂缝是在混凝土材料、施工、环境（温度、湿度等）、结构、外力（地震等）一种或几种因素的作用下产生的。其中最重要的就是结构性因素。作为结构性因素产生的裂缝案例之一，就是当建筑出现不同沉降时便会产生图 3.26 中所示的裂缝。建筑物一旦出现不均匀沉降，就会有想象不到的应力作用于建筑物，不仅会造成抗震墙等出现裂缝，抗震性能下降，而且还会影响到门的开启与关闭，给日常生活带来不便。这时不仅需对裂缝进行修补，还应从根本上消除结构上的隐患，进行大规模的修整。

另一方面若能对于判断为非结构性因素的其他因素造成的裂缝进行适用的修补，就可以维持现有的抗震性及耐久性。此外，倘若对裂缝等老化状况置之不理，那么雨水等就会由此处渗入，腐蚀钢筋使其耐久性下降，因此应对其进行合理的修补。如果除去成为渗漏原因的严重裂缝，轻微裂缝按 10 年为 1 个单位的修缮计划进行修补，就不会影响结构抗震性、耐久性。

图 3.26 表示因结构性因素或其他因素而致的裂缝走向。此外，裂缝的产生原因十分复杂，仅凭部分现象是不能作出判断的。对裂缝的调查、原因的判断、修补方案的提出，最好委托给专门的混凝土诊断人员处理。

墙壁的混凝
土裂缝
墙壁
窗户
（开口部位）
开口处周围产
生裂缝
因年间温度变化及日温度变
化产生的混凝土收缩裂缝
① 混凝土干燥收缩致使墙壁产生裂缝示例
② 温度变化致使墙壁产生裂缝示例
建筑物变形
造成的裂缝
地基下沉
建筑物变形
造成的裂缝
地基下沉
③ 地基下沉变形致使墙壁产生裂缝示例
后浇缝部分的墙壁混凝土
出现裂缝
墙壁
地震力引起的
墙壁剪切裂缝
墙壁
地面角部出现
斜向裂缝
楼板地面
④ 墙壁出现裂缝示例
⑤ 因干燥收缩混凝土地面出现
裂缝示例
裂缝
楼板地面
裂缝
楼板地面
楼板上面产
生的裂缝
楼板下面产
生的裂缝
地面中间部分凹陷，犹如直
径 1 ~ 2cm 玻璃球滚过一般
由材料、施工、结构等因素造成的
⑥ 混凝土地面出现裂缝示例

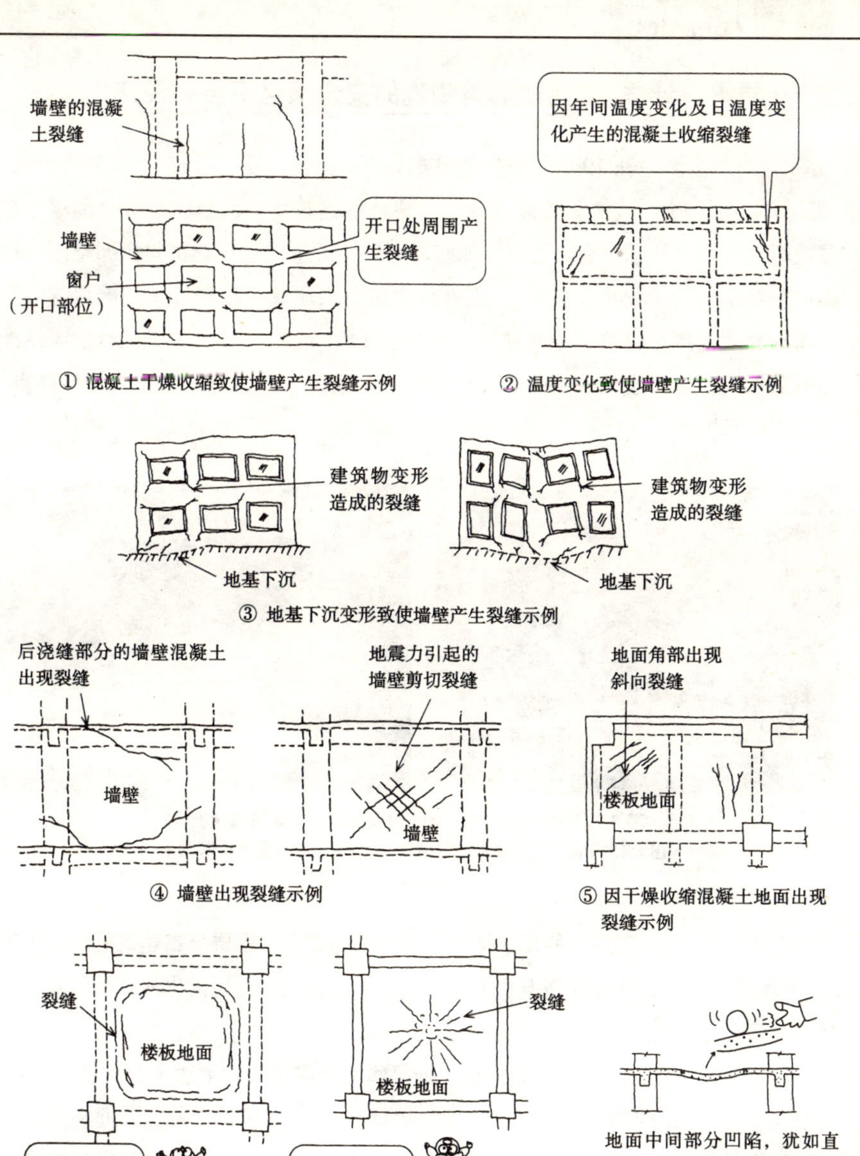

图 3.26　裂缝的走向

按“新抗震设计法”建造的建筑物真的安全而且不会有任何担心吗?

Answer 在1995年发生的日本兵库县南部地震（阪神 · 淡路大地震）中，按“新抗震设计法”建造的建筑物中除极少数外，倒塌、严重毁坏的可以说几乎没有。另外，那些局部破坏严重的建筑物都是由架空层、抗震墙配置不均衡（偏重于一边）、对非承重墙（杂用墙或二次墙）的配置忽略了结构计算或对刚度计算过小造成的（图3.27）。由此不正好证明了现行抗震标准的可靠性吗？不过虽然倒塌、损坏严重得到了避免，但也有的房屋因损坏严重，结果不得不拆除。

图3.27　杂用墙（二次墙）安装的柱子剪切裂缝状况
出入口门扇、门框变形（日本福冈县西方湾地震受灾情况）

此外，在2005年发生的日本福冈县西方湾地震中，多层公寓建筑的结构主体（柱子和梁）未受到什么损伤但非承重墙损坏严重，很多房屋因出入口的门及窗户打不开而无法使用。

现行《建筑标准法》中所要求的性能是指在地震中不发生建筑物倒塌及损毁、人员伤亡为最低限度的性能，而且允许建筑物可有某种程度的损毁，而在考虑建筑的多样性时对安全性的要求就不一定要特别高。不过问题是以前的设计法迄今为止对建筑物性能未作明确规定，无法推测出遭到的破坏到底会达到一个怎样的程度。在现行的性能设计中采用了一种通过对安全界限、损伤界限（参见Question 2）等标准的设定后，便可由建筑开发商标出明确性能的方法。当要求建造大地震发生时更具安全性的建筑以及不发生修复费用的建筑时，应与设计者就建筑物的性能进行认真的商榷。

如果根据 1981 年以后的“新抗震设计法”修建,《建筑基本法》中规定的最低限度的性能就可以得到保证了。但当对此不放心时还可以采用由第三者（经验丰富的专家）加以确认的方法。如果有计算书和图纸，就可免费得到粗略的确认。若需要做详细的鉴定，则需召开设计者听证会进行确认并作出详细的鉴定。当然这是需要另行收取费用的。

目前以下团体可以开展这项业务，请与其联系。此外，若想对公寓的抗震性能进行确认，请参考第二章图 2.6 中的流程图。

① 日本建筑结构技术者协会（JSCA） http://www.jsca.or.jp/
邮政编码：102-0075　东京都千代田区三番町 24 番地　林三番町大楼
TEL：03-3262-8498 / FAX：03-3262-8486

② 建筑研究振兴协会　http://kksk.or.jp/
邮政编码：108-0014　东京都港区芝 5-26-20
TEL：03-3453-1281 / FAX：03-3453-0428

③ 建筑师事务所协会（东京） http://www.taaf.or.jp/index01.html
邮政编码：160-0023　新宿区西新宿 3-6-4　东照大楼 5F
TEL：03-5339-8288 / FAX：03-3345-0150

应如何开展抗震加固修复?

Answer 从抗震诊断开始到抗震加固修复工程的流程可用图 3.28 表示。

当进行抗震诊断后确认建筑物的抗震性能低时，应尽快进行抗震修复工作。在进行抗震修复时，首先应对地震时建筑物的安全性及地震后建筑物损伤后加固修复的目标进行认真的研究，应以加固修复工程中建筑物是否被限制使用，以及噪声、振动等的影响，工程时间等作为前提条件与设计者进行协商并认真设计。设计者应选择出满足这些条件的施工方法，对加固修复的实施进行设计。设计者应多次前往现场进行详细的调查，并对加固修复施工法的选择及施工的可行性、条件进行反复研究、协商后方可进行设计。由于条件的不同，有时也会出现难以进行加固修复的情况。加固修复效果的确认工作，可由官方第三者机构（参见第 2 章 Question 8）进行鉴定（需另行收费）。

修改设计完成后,便进入加固修复工程的招标阶段。工程的招标需有多家投标、报价，当将加固修复计划与设计委托给建设业者实施时，也有将工程施工一并委托的。在对工程进行招标时，应签订工程承包合同书，明确工程施工日期、金额、规格、交付等承包事项。

关于抗震诊断、抗震加固修复，有国家、地方公共团体根据《抗震修复促进法》制定的支援制度（补助、补助金、融资、税制），所以一定要认真执行。详细内容请参照 Question 7。

下面以公寓为例，就其抗震加固修复的注意事项作一个说明。

公寓的抗震性能与公用部分有关，所以诊断与修复未经公寓管理委员会成员协商认可便不能实施。进行协商时，非常重要的一点就是各所有者对地震中自己生命及财产的自我保护都具有一定的思想准备（认识）。另外，建筑物的抗震性能需要有专业判断，非专职人员对抗震性的意见很难令人信服。对于那些通过日本国土交通省等部门制定的诊断问诊表等被判定抗震性存在一定问题的建筑物，应从进行抗震诊断、掌握抗震性能的现状开始。当诊断结果是在抗震性能方面存在一定的问题时，就需进行加固修复，尽量与大规模的修缮同时进行，节约临建费用及各种经费的开支，所以也有将其纳入长期修缮计划加以实施的。

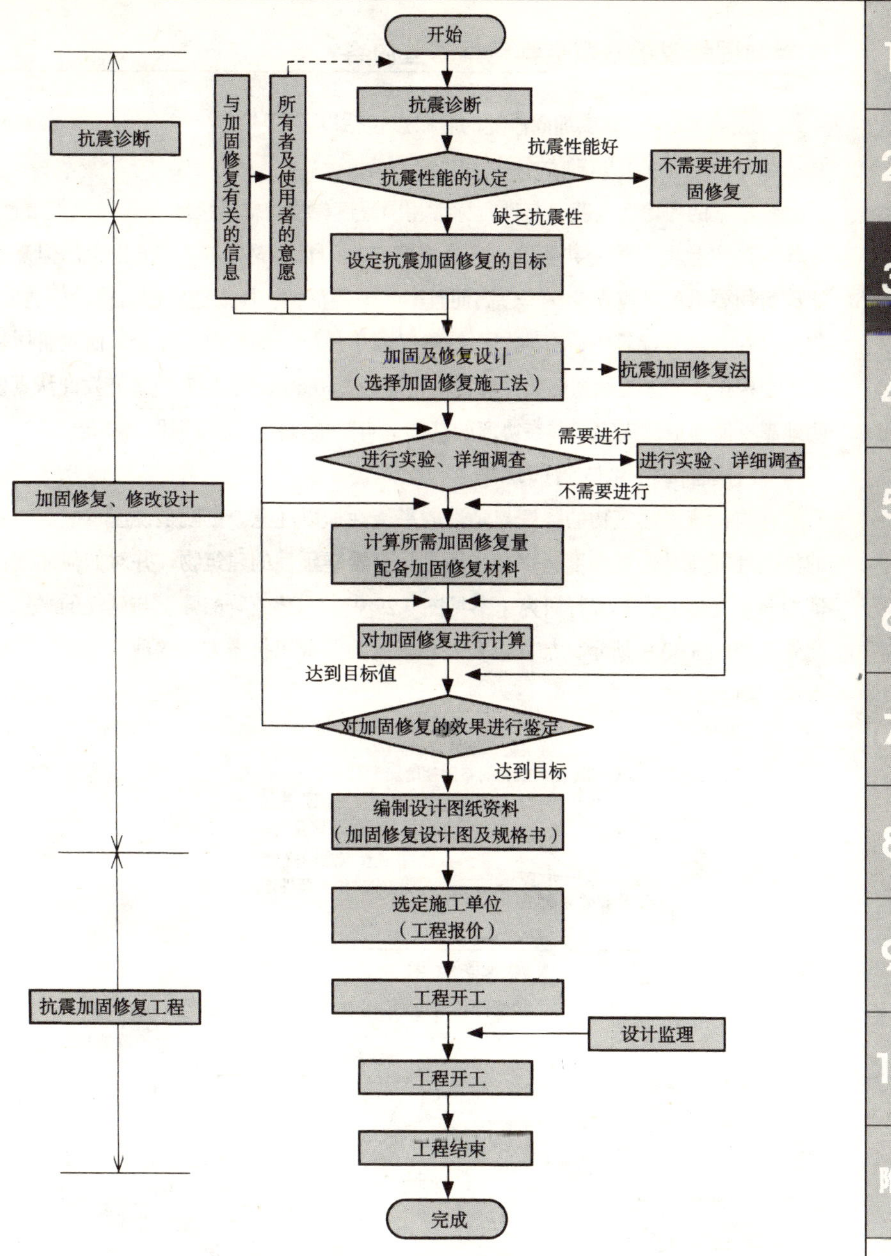

图 3.28　从抗震诊断到加固修复工程

抗震加固修复的着眼点都包括哪些内容？

Answer 抗震加固修复的着眼点包括以下四项：

（1）明确抗震性能的目标

最基本的考虑就是获得与现行标准相同程度（结构抗震指标 I_s=0.6）的抗震性。在作为防灾救助点的公共建筑中，很多建筑物的目标都定在 I_s=0.6 以上。但是普通建筑物要求的抗震安全性都过高而且不考虑经济性，所以选定的目标最好适度。相反，在公寓等建筑中，有时加固修复仅限于最下层的架空层部分，而对于居住层则是根据加固修复计划的条件将目标设定为 I_s=0.6 以下。应向建筑开发商认真说明地震可能造成的灾害，并在协商的基础上再对抗震性能的目标作出决定。

（2）找出结构特性与薄弱环节

首先，应对建筑物的强度与延性的平衡性加以注意。也就是说应掌握建筑物的抗震性究竟是通过强度得以加强还是具有希望延性的建筑物，并对如何才能保证加固修复后的性能进行研究（参见图 3.29 中所示建筑物的强度与延性的平衡）。此外正如图 3.30 中所示，加固修复处理就是为了找出抗震方面的薄弱环节，并消除这些隐患。

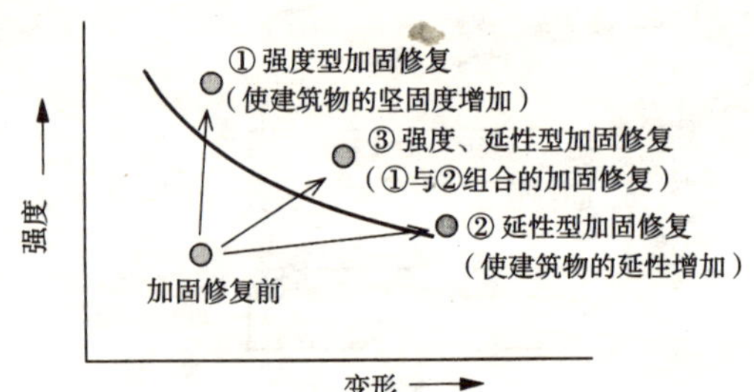

图 3.29　加固修复前与加固修复后的建筑物性能

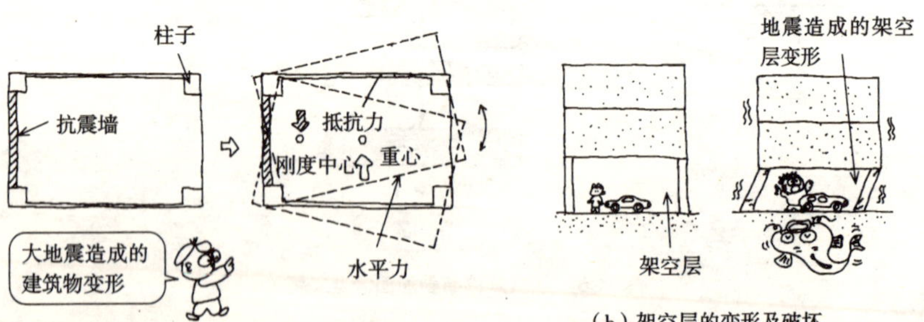

图 3.30　成为抗震薄弱环节的建筑物形状等

① 抗震墙的配置不均衡 [图 3.30（a）]。

② 抗震墙在高度方向上被截断。特别是将 1 层抗震墙截断时就称为架空层 [图 3.30（b）]。

③ 装有杂用墙的柱子形成短柱化的部分（图 3.31）。

图 3.31　形成短柱化的柱子

④ 建筑物平面不规整，形状复杂：平面形状为凸起状、两端粗中间细、共享大厅等（图 3.32）。

图 3.32　平面形状为凸起状的建筑物形状

（3）应选择加固修复效果好的加固修复施工法

加固修复施工法应采用经试验证明加固修复效果可靠的施工方法。一般许多得到抗震认定的施工方法都取得了特许专利权，所以在采用施工方法时应事先加以确认。采用时应注意抗震认定施工方法的使用范围。

（4）应对功能性及施工的可行性加以考虑

加固修复构件的设置对建筑物的采光及视野等功能性会有一定的影响，而通过对施工方法等的限制则可以在不影响居住的情况下进行施工。与新建时相比，抗震加固修复的限制条件格外严格，应采用受限制条件中的最佳方法。根据情况的不同也有需要重新改建的，所以应对建筑物的重要程度、用途、功能、其他各种条件进行综合的研究后方可进行加固修复设计。

都有哪些加固修复的施工方法?

Answer 根据加固修复的目的，将抗震加固修复施工法进行的分类如图3.33所示。另外，图3.34中①～③表示的是抗震加固修复施工法的具体图例。加固修复施工法可根据建筑的抗震薄弱环节及强度与延性等平衡性将各种施工法组合使用。应选择与建筑物相符的最佳的加固修复施工法。

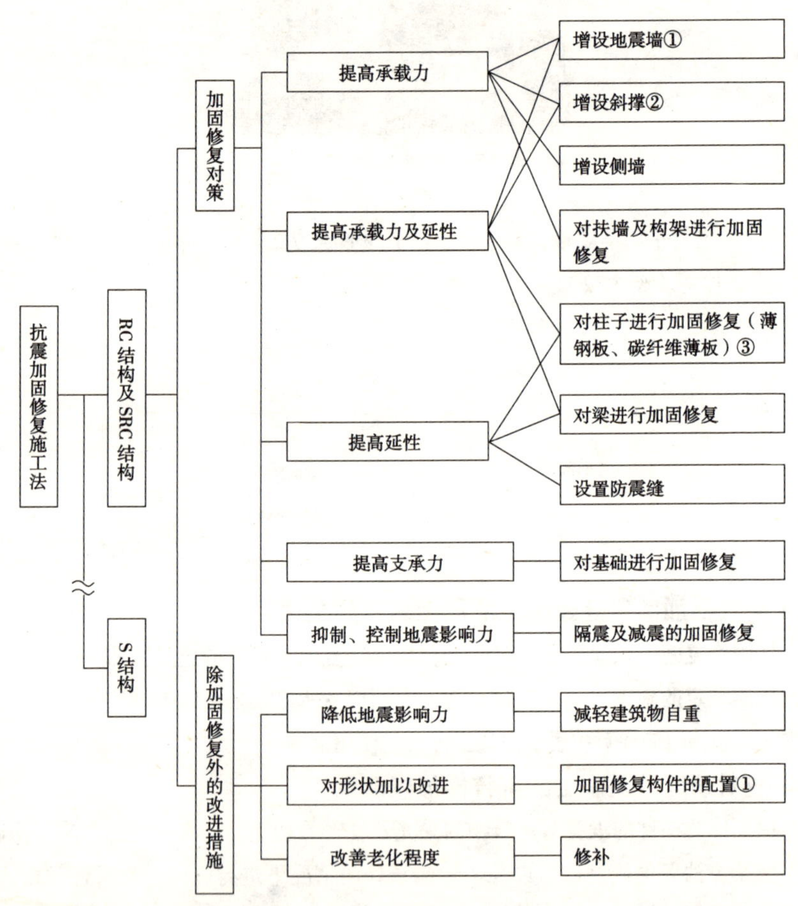

图3.33　抗震加固修复施工法（①～③表示图3.34的各种加固修复施工法）

（a）架空层

（b）强度型的加固修复：
增设抗震墙及斜撑

（c）柱子加固：增加柱子的轴向承载力及抗前承载力

①对建筑物的薄弱部分（架空层）进行加固修复

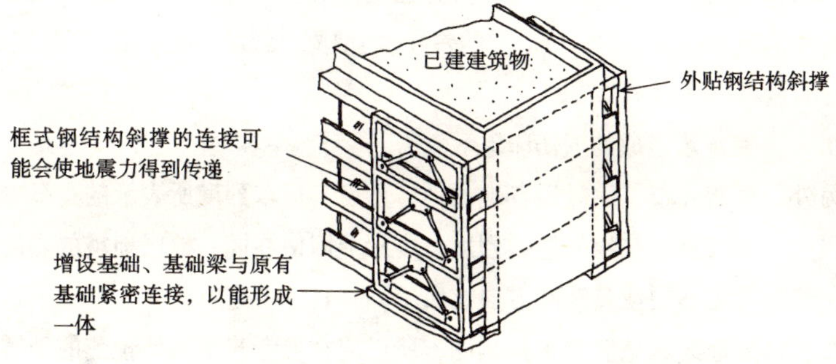

②利用外贴钢结构斜撑进行加固修复（强度 · 延性型加固修复）

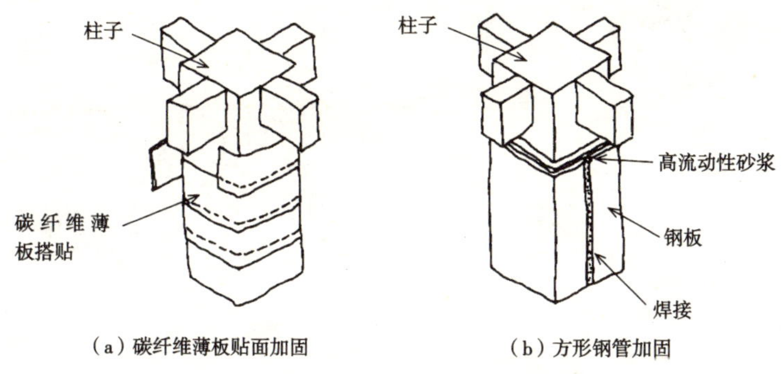

（a）碳纤维薄板贴面加固

（b）方形钢管加固

③对柱子进行加固修复（强度、延性型加固修复）

图 3.34　抗震加固修复施工法示例

能否对大地震时建筑物的破坏状况进行预测?

Answer 虽然不能一概而论，但从过去地震造成的灾害和受损建筑物的诊断结果（结构抗震指标 I_s）的关系中就可以作出大致的判断。

图 3.35 是对未遭到地震灾害的已建钢筋混凝土建筑物与 1968 年日本十胜湾地震、1978 年日本宫城县海底大地震中受到中度以上破坏建筑物的抗震第二次诊断结果进行比较后绘制的。

从图 3.35 中可以得知，I_s 值为 0.6 以上的建筑物中未出现中度以上的破坏。但低于该值的建筑物虽未全部受损，但 I_s 值越低受害的可能性就越大。这是由建筑物地基及地震动地点的不同所造成的差异、对混凝土强度、强度与延性的鉴定不一、施工等质量不一等因素造成的。

图 3.36 是地震造成的损伤印象示意图。

另外，虽然公布了地震后各地的地震烈度，但该烈度所表示的是日本气象厅设置强震观测仪器所在地的地震烈度。实际上即使在同一地区地震的烈度也会因地基、地形等的不同使其波动方向有所不同。日本特定行政厅在考虑了这些因素后公布了部分地区的地震灾害预测图，所以应在参考建筑用地预测的地震及地震烈度等的基础上进行综合的判断。

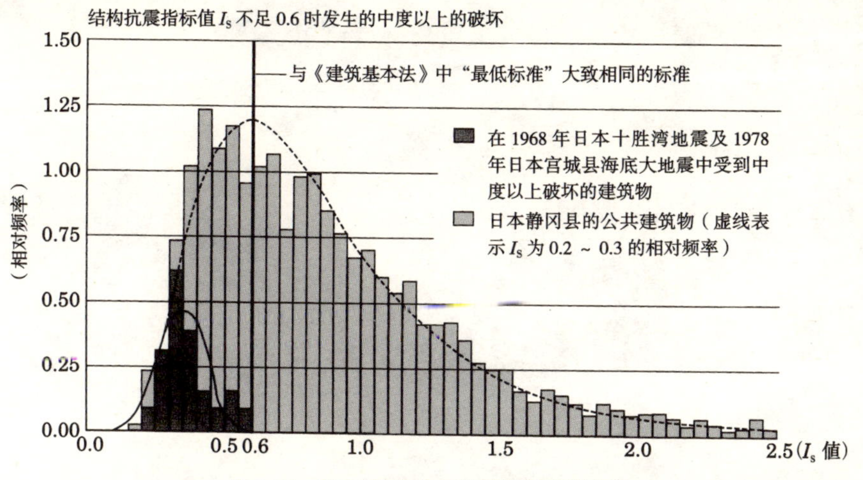

图3.35　第二次诊断的I_s值与地震灾害的关系

资料来源：日本建筑防灾协会：《2001年修订版已建钢筋混凝土结构建筑物的抗震诊断标准及解说》

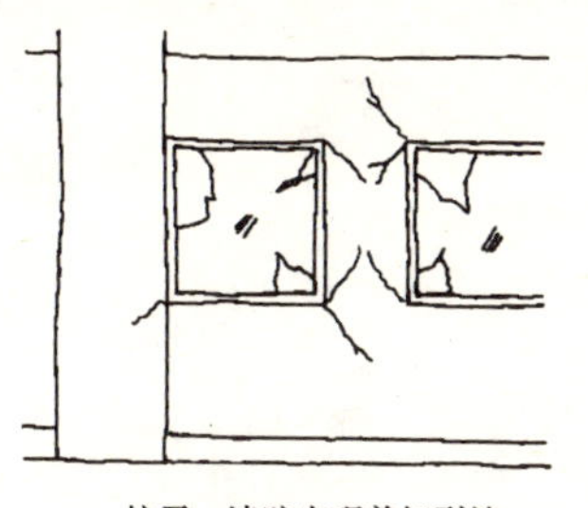

柱子、墙壁出现剪切裂缝
可能需要修补

（a）轻微、小破坏

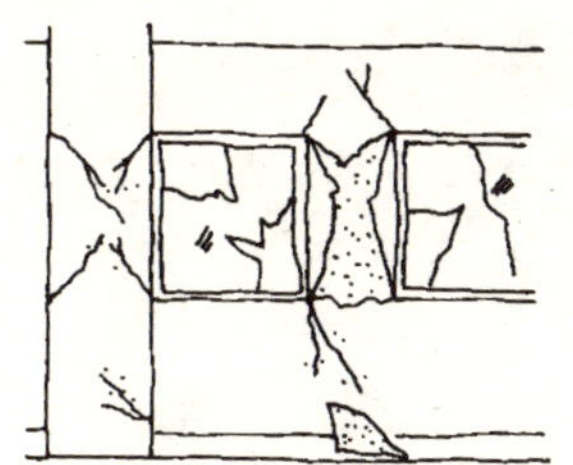

柱子及抗震墙出现剪切裂缝
必须进行修补及加固修复

（b）中度破坏

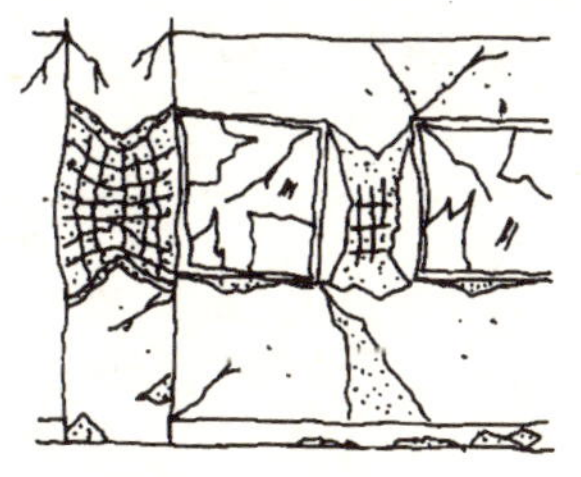

柱子钢筋外露、压曲
需要拆除或进行大规模的加固修复

（c）严重破坏

建筑物的一部分或全部倒塌
无法继续使用，拆除

（d）房屋倒塌

图3.36　地震造成的损伤示意图（结构体受到损伤的印象目标）

第4章

关于建筑装修等的 Q&A

Q 1 Question

建筑装修等“抗震诊断”方面的着眼点是什么？

Answer 应将着眼点放在建筑装修的部位上，即入口门、顶棚、窗玻璃、间隔墙。若对着眼点加以整理，可提出以下 4 项。

着眼点 1：首先应着眼于出入口及用于紧急疏散的太平门的抗震性方面。在日本兵库县南部地震（阪神 · 淡路大地震）中，在很多地方都可以看到因出入口门扇变形无法打开以致造成疏散困难。公寓等出入口周围的墙壁为结构性杂用墙，这些墙因在大地震中产生龟裂而造成门扇变形。因地震时会造成门框变形致使门扇开关困难，所以应特别对入口门的周围墙体结构进行确认（图 4.1）。

图 4.1　确保入口门的开口尺寸

图 4.2　顶棚砂浆剥落

着眼点 2：应着眼于在上层楼板层（或屋顶）结构下吊挂的吊顶顶棚。一般顶棚分为双重顶棚（吊顶棚）和直接露明顶棚（参见“名词解释”）。最近顶棚（主要是事务所）采用一次组装方式时，地震时顶棚的组件部分在地震波的晃动下出现错位、脱落造成顶棚坠落或变形，从而阻碍了紧急疏散通道的畅通，增加了危险的程度。而公寓建筑中多采用露明顶棚，所以几乎没有发生顶棚坠落事故的。另一方面，也有发生主体非结构部位的墙壁及剪力墙出现裂缝，装修材料砂浆等剥落危险的（图 4.2）。

着眼点 3：铝合金窗及窗户玻璃破裂的几率很高，容易对脚下造成威胁，给确保紧急疏散通道畅通带来一定的困难，所以应采取防止玻璃破损的措施，在必要的部位安装夹丝（网）玻璃（参见“名词解释”）。

图 4.3 危险四伏的破碎玻璃

图 4.4 间隔墙破损

【名词解释】 **双重顶棚（吊顶棚）和露明顶棚**

① 双重顶棚（吊顶棚）：最近大部分建筑中都在屋顶（或楼板层）结构下用“吊顶材料”吊挂一顶棚。采用所谓的“双重顶棚”，亦称“吊顶棚”（简称“吊顶”）。

② 露明顶棚：公寓等建筑中屋顶（或楼板层）结构下表面直接露于室内空间的顶棚，也有的顶棚直接抹灰。

【名词解释】 **夹丝（网）玻璃**

玻璃内部嵌入金属丝（网）的玻璃。当玻璃破碎时，其碎片仍挂在金属丝（网）上而不掉落，所以具有“防止玻璃碎片飞溅的效果”和“防止火焰蔓延的效果”。

着眼点 4：因间隔墙被破坏，间隔用板材等就会产生裂缝（图 4.4）。特别是各户单元房之间的隔墙、住户单元房内的间隔墙位于上下楼板之间，层间位移超过 1/200 时，就会直接受其影响而出现破损，所以应确保其抗震性能。

如果从地震造成的灾害状况来看，会发生很多问题：在楼层高的房屋中因家具倾倒或重物落下致人重伤，以及因墙壁、门窗损坏而无法生活等。因此，应从结构体及非结构体的抗震性能、建筑装修的抗震性能否确保紧急疏散通道、保证震后正常生活这一“生活者的观点”出发进行核查，对室内家具的配置等在地震时的状况加以考虑的基础上，采取防止灾害发生的措施。这就是我们的着眼点。

对于出入口门的抗震性与顶棚部分应采取哪些措施?

Answer 地震时往往容易发生出入口门无法打开或关闭。

正如前面所述，公寓等建筑中与出入口连接的墙壁为结构上的杂用墙时，在地震发生时就会产生龟裂。当门周围不作为杂用墙时，地震发生时门框出现变形，门就难以打开或关闭。

(1) 门无法开关的主要原因

① 尖轴合页变形。

② 门框变形。

③ 门框与门扇之间的缝隙太小。

④ 室内被旋锁锁闭，地震时造成锁舌部分变形。

(2) 对门采取的抗震措施

为能确保门的抗震性，就应设置可以吸收地震波，不致造成门框及门扇变形的杂用墙或采取可减少变形量的施工方法等(图 4.5)。

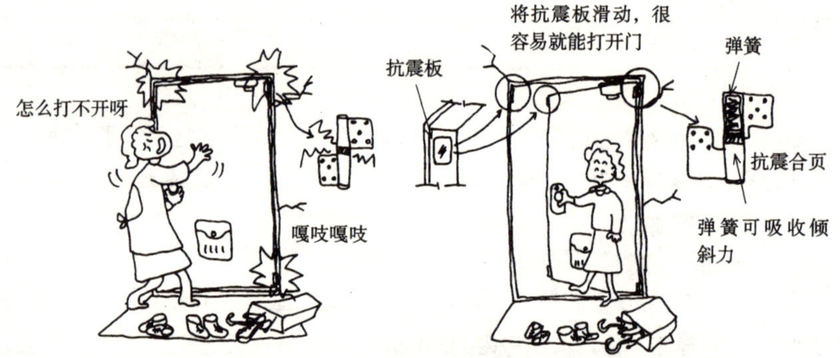

图 4.5 缓解门框与门扇之间的接触，以使碰撞得到缓冲的系统

① 采用从主体及墙面很难致门扇变形或破损的施工法。

② 对门扇加以改进，提高门扇的变形随动性。

③ 在门上另外再安装一个逃生用的小门。

大地震发生时，集合住宅或公寓及事务所等的门在强烈的地震力作用下会出现变形，这时仅靠人的力量很难将其打开，以致无法逃生。对于那些在地震冲击力作用下会遭到破坏的门，应确保其防火性、气密性、隔声性、隔热性等各种性能，而且应采用儿童、高龄者、残障者均能方便逃生的结构（图 4.6）。

（3）顶棚的种类与抗震对策

一般顶棚的种类包括露明顶棚、木质吊顶棚、轻钢龙骨基底顶棚、系统型顶棚（参见“名词解释”）等（图 4.7 ~ 图 4.10）。

图 4.6　门上装有逃生门

【名词解释】 **系统型顶棚**

一种概念比较新的“顶棚方式”。这是在轻型钢的基底上将照明、烟感器、送风口、扬声器、自动喷洒灭火装置喷头等“设备的各种功能”集中起来呈一体化安装的规格化顶棚，一般多采用在工厂加工、组装后再搬入施工现场进行施工的形式。

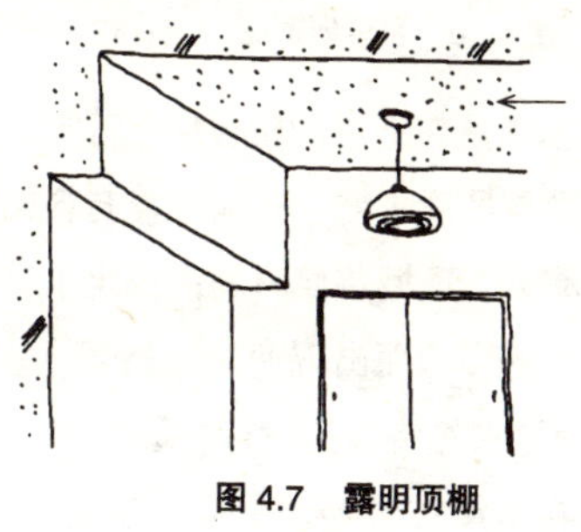

图 4.7　露明顶棚

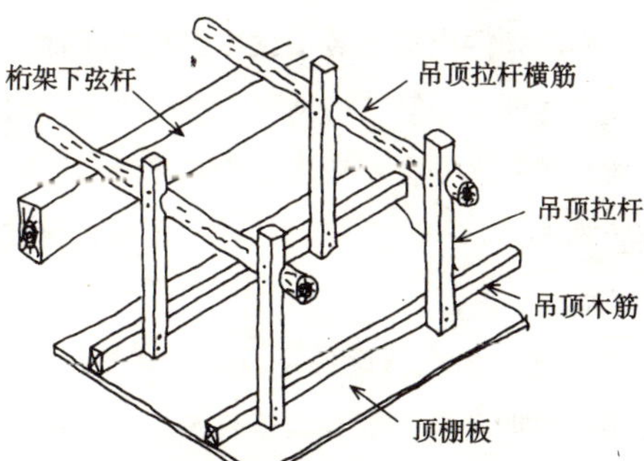

图 4.8　木质吊顶棚

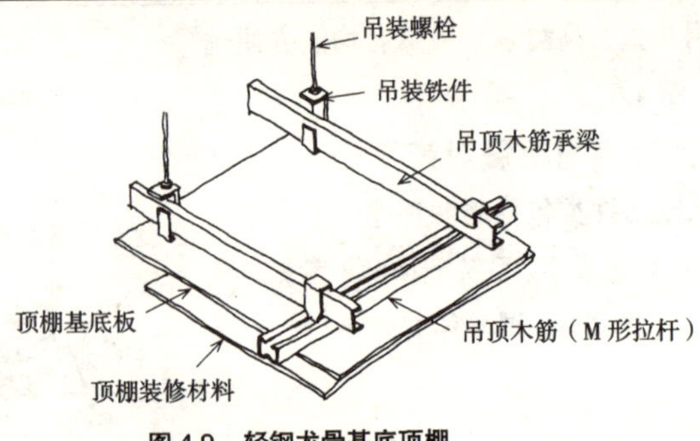

图 4.9 轻钢龙骨基底顶棚

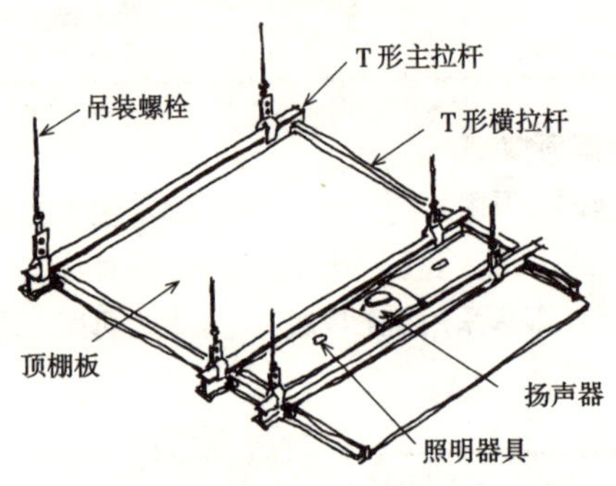

图 4.10 系统型顶棚

除露明顶棚外，其他的各种吊顶是在上层的楼板层（屋顶）结构下另挂一顶棚，由顶棚吊装材料、吊顶木筋承梁与吊顶木筋、顶棚装修材料构成，而且顶棚的吊装材料、吊顶木筋及吊顶木筋承梁、顶棚装修材料的固定十分牢固，采用的结构是在地震发生时也不会因地震波的影响而出现变形、坠落的结构形式。目前日本的经济正处于高速发展时期，为寻求经济性的设计，最近“一次组装式结构顶棚”十分普及，结果发现这种顶棚在地震波的晃动下会出现脱落、变形等许多问题。另外，最近很多写字楼的顶棚内都安装了设备材料（布置在吊顶内的机器设备及管道、配管等），地震发生时在地震波的晃动下这些设备材料便会与吊顶材料相碰，出现错位、破损以致坠落，在受灾中所占比例越来越大。特别是顶棚面的灭火设备自动喷洒灭火装置喷头，它与顶棚材料的错位不同，当喷头脱落时就会出现漏水造成房内被淹而引发次生灾害。

因此，为避免构成顶棚的机器设备及材料之间相互影响，应分别加以固定。一般公寓的顶棚多采用露明顶棚，而且抗震性与主体的状况有关，如果主体出现裂缝，装修材料的砂浆就有可能产生裂纹并剥落。

内墙装修材料与地震灾害都具有什么样的关系?

Answer 我们不必担心内墙材料会掉到建筑物的外部，但一旦在地震波的晃动下出现剥离、剥落，紧急疏散通道的畅通就很难得到保证，并会给防止火灾发生时次生灾害的扩大以及确保安全方面带来极大的影响。

(1) 直接铺贴饰面存在的问题

用粘结灰浆将石膏板直接安装在混凝土主体墙面的GL施工法存在一定的问题，也就是说墙面一旦产生裂纹就会出现一块石膏板或所有石膏板剥落、剥离，这种情况越来越多(图4.11)。

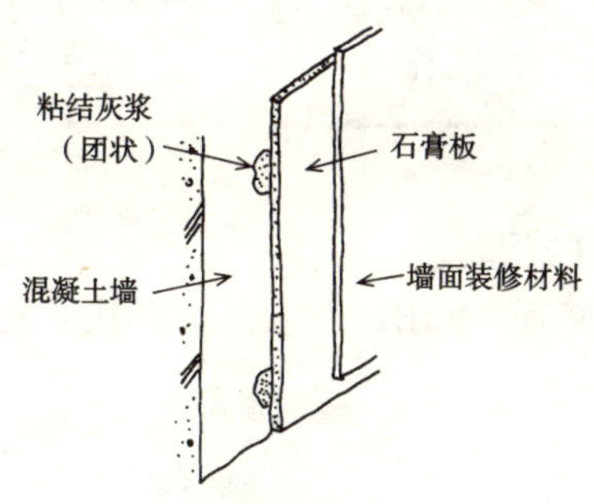

图 4.11　墙面直接铺贴施工法

直接铺贴在楼梯间内的ALC饰板(参见“名词解释”)，外墙饰面板材一旦出现剥离、剥落，就会影响紧急疏散通道的畅通。

钢结构楼梯的石膏板饰面在地震压力的作用下往往会出现剥离、剥落。另外，直接铺贴在混凝土基底的石膏板不具有地震时激烈振动的随动性，容易产生剥落。

【名词解释】 ALC 饰板(autoclaved lightweight concrete)

水泥基底上添加发泡剂使其多孔质化，经蒸压养护制作而成的多孔混凝土，一般多用于钢结构及RC结构的地面、屋顶、间隔墙。ALC饰板的制造、规格有JIS A 5416，有Ciporex、Idon、Hebevl、Durocs四种品牌。

(2) 抹灰饰面存在的问题

砂浆抹灰饰面会因混凝土等杂用墙变形及裂纹的产生而出现剥离、剥落。

（3）灰浆饰面存在的问题

涂饰在 ALC 饰板（多孔混凝土）墙面的灰浆（参见“名词解释”）在建筑物门窗的开口部位容易出现剥离、剥落。

【名词解释】 **灰浆**

无机质粉末中加水搅拌而成，墙壁抹灰材料的总称。大致可分为“石膏类”和“石灰类”。石膏灰的主要材料为“石膏”，通过在熟石灰中掺以砂子、麻刀（注）、可塑性材料及缓凝剂等配置而成。而混合灰浆则是在现场拌合而成。石膏灰浆是 JIS 规定的已经做好的成品石膏灰浆。

注：抹灰材料的一种。其目的是控制涂装材料的施工性及收缩性等，是经拌合的具有植物性的纤维类的总称。

（4）瓷砖饰面存在的问题

不具随主体裂缝而动的随动性，瓷砖沿裂缝损坏并剥落（图 4.12）。

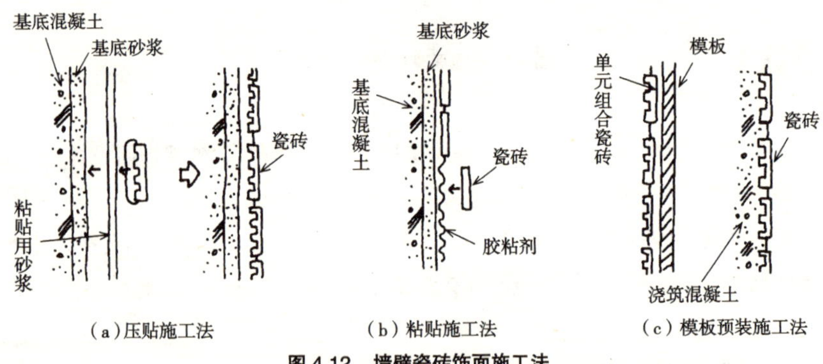

（a）压贴施工法　（b）粘贴施工法　（c）模板预装施工法

图 4.12　墙壁瓷砖饰面施工法

（5）贴石饰面存在的问题

贴石饰面的铺贴均饰以一定的接缝图案，但因主体变形等就会发生缺损、龟裂剥落。

地面装修材料与地震灾害都具有什么样的关系？

Answer 地面装修材料因地震时建筑物主体出现裂缝、变形而鼓起或剥离，影响出入口门的开关，给紧急疏散带来很大的困难。另外，因办公室的地面过滑，办公桌、书柜等在地震力的影响下就会出现移动或倾倒，很难保证紧急疏散通道的畅通(图4.13、表4.1)。公寓等建筑中的地面多铺设地板材料、地毯或榻榻米等，因高层的地震力与地面过滑状况的不同其危险的程度也大不相同(图4.14、表4.2)。

最近写字楼的地板采用了具有方便灵活特点的活动地板（OA地板），利用地板下的空间布线或铺设配管，使得办公设备的OA化设备的配置、更换更加方便。

能够确保活动地板（OA地板）抗震性的方法很多，但重要的设备最好还是直接固定在专用的支柱上。

① 应利用支柱间的加固横木对活动地板的支柱进行加固，以防设备倾倒。

图4.13　地面装修材料造成的倾倒

不同的地面材料对家具倾倒率的影响　表4.1

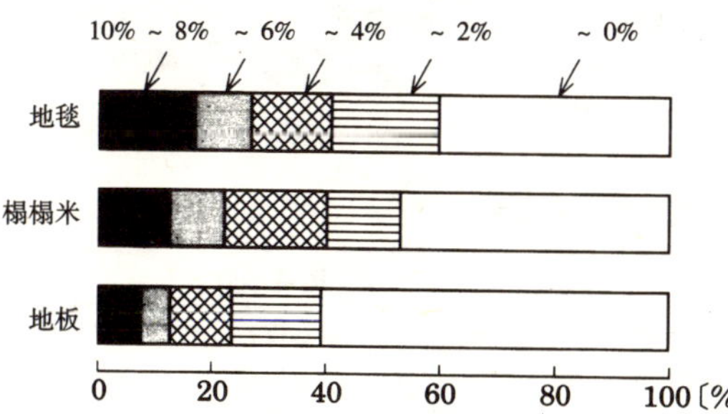

② 应将设备直接固定在专用的支柱上。

③ 应将整个活动地板搭在建筑物地面楼板的边框部分除去，以降低水平加速度对设备的影响。

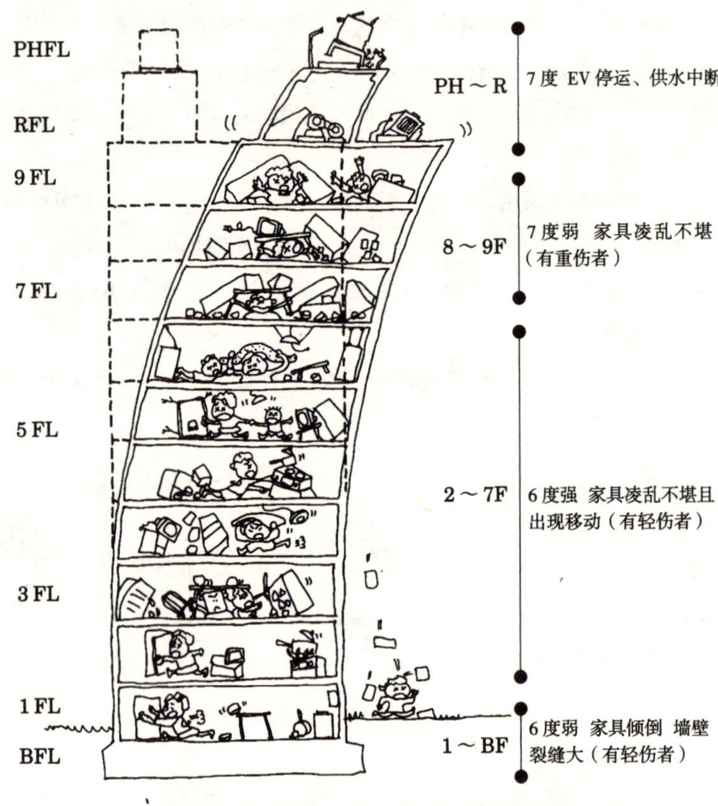

图 4.14 高层建筑的晃动状况（地表烈度为 6 度弱时）

（日本建筑中心，根据《建筑设计抗震设计 · 施工指导方针》绘制）

地表的地震烈度与建筑物上下楼层的地震烈度 **表 4.2**

楼层	地震烈度				
高层	5 度强	6 度弱	6 度强	7 度	7 度
中层	5 度弱	5 度强	6 度弱	6 度强	7 度
低层	4 度	5 度弱	5 度强	6 度弱	6 度强
地表烈度	4 度	5 度弱	5 度弱	5 度强	6 度弱

大地震时防止书柜及柜架倾倒的措施有哪些?

Answer 那些设计、修建的抗震性能极高的建筑物，即使在地震中可以避免发生倒塌等灾害，但中间层及高层楼板的地震烈度与室外地面的地震烈度相比也要大得多。因此室内的家具在地震波的晃动下就会发生倾倒，将人压在下面，造成人员伤亡。大型家具在地震烈度为 5 度强时发生倾倒的就开始增多了，烈度为 6 度强时约半数的家具均出现倾倒。

(1) 容易倾倒的家具

正如图 4.15 中所示，在地震中容易发生倾倒的家具多为高且进深小的家具，容易发生倾倒的家具顺序依次为日式橱柜、整理柜、西式橱柜。特别是书柜，发生倾倒的比例最高。

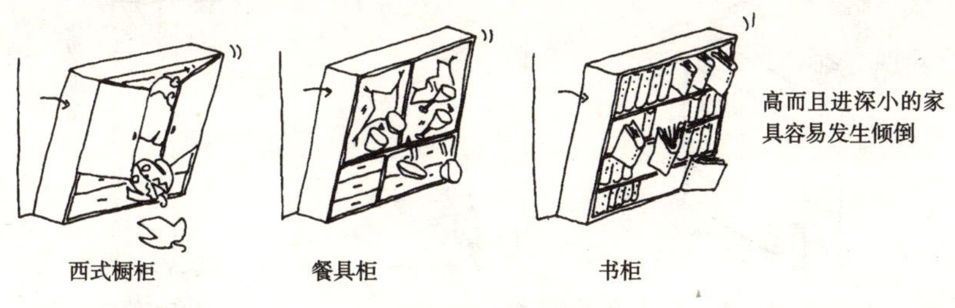

图 4.15　容易发生倾倒的家具

(2) 防止家具倾倒的措施

与墙壁进行固定时的注意事项：如图 4.16（a）中所示，在对家具进行固定时，只要用螺钉或钉子将 L 形铁件的一端与家具的顶板（可承受较大力的部分）固定，另一端与混凝土墙壁或柱子、间柱、横向加固构件固定，就可以防止家具在地震时发生倾倒了。另外，如图 4.16（b）中所示，当用皮带或 Z 形铁件进行固定时，应注意家具的顶板与固定皮带的角度要小，皮带的固定不要太松，不要有间隙。

与顶棚进行固定时的注意事项：固定家具的顶棚应以混凝土露明顶棚最为合适。当对铺贴饰板的双重顶棚（吊顶棚）采用支撑杆进行固定时，应注意要想使力能完全作用于顶棚板上，应在两端放入比支撑杆断面大的板材加以固定，以防因地震力而出现脱落（图 4.17）。如果只是简单地将支撑杆固定在家具的前面，地震时支撑杆就会脱落，效果并不理想（图 4.18）。

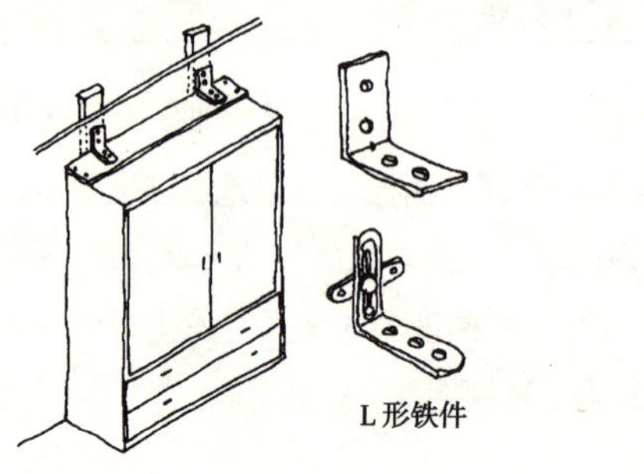

(a)与固定的柱子

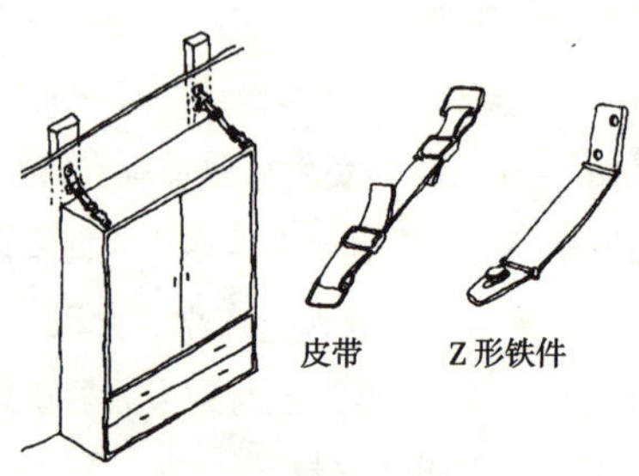

(b)用皮带固定

图 4.16　与墙壁的固定方法

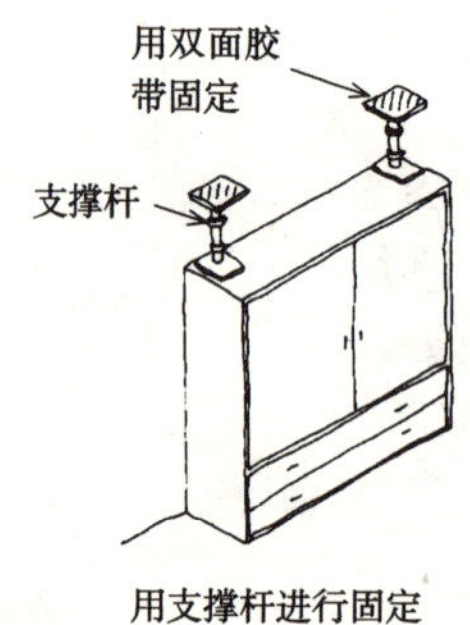

用支撑杆进行固定

如果只在家具的前面进行
简单的固定就会脱落下来

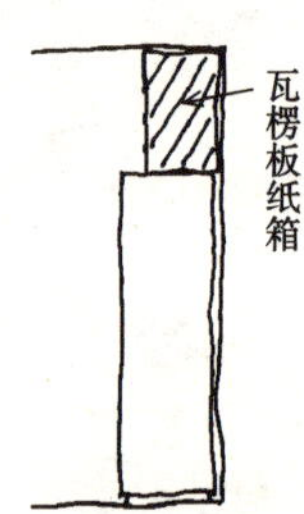

用瓦楞板纸箱进行固定

图 4.17　与顶棚的固定方法

将抗震板安装在文件柜上，
防止下部的防倾倒脚撑甩出

用L形铁件与地面进行固定

图 4.18　防止文件柜倾倒

应对大地震时电视机被甩出、钢琴滑动采取哪些行之有效的措施?

Answer

地震时建筑物本身倾斜后并未受到破坏，但电视机或微波炉等家用电器却会被甩向远处以致被损坏，很难幸免于难。钢琴砸倒在床上，很可能会对熟睡者的生命安全造成威胁。大地震会给平时的生活带来难以想象的灾难（表 4.3）。

因所在楼层的不同电视机受损的程度也不 样　　表 4.3

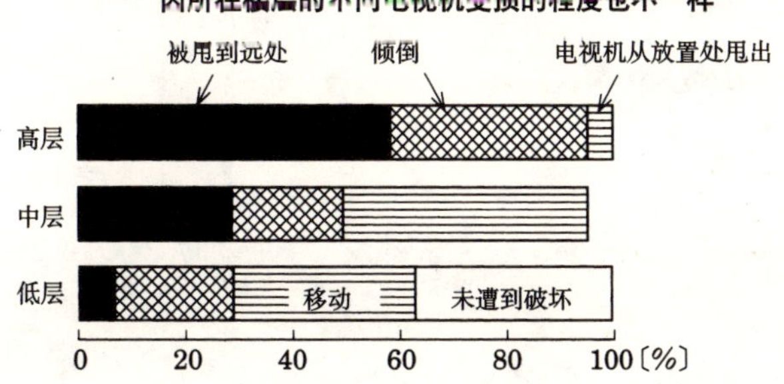

电视机、电冰箱、钢琴等家电设备因形状复杂，所以很难将其加以固定。但若对此置之不理，大地震时就会受到很大的破坏。

（1）电冰箱及电视机的固定

最近，很多电冰箱或电视机的背面都配置了用于安装防倾倒皮带的铁件。利用这些铁件就可以通过皮带将电冰箱或电视机固定在墙壁上。用生产厂家推荐的方法进行防范想必是很不错的应对措施吧（图 4.19）。

（a）防止电冰箱倾倒　　（b）防止电视机倾倒

图 4.19　防止电冰箱与电视机倾倒的方法

（2）钢琴固定的注意事项

因钢琴不能用钉子或螺钉固定，所以应使用皮带或尼龙带（钢琴止动带）将钢琴固定在地板或柱子上。由于钢琴很重，钢琴腿处装有脚轮（参见“名词解释”），因此若不用止动器等将脚轮牢牢固定，地震时钢琴就有可能出现移动。对此，应特别加以注意（图 4.20）。

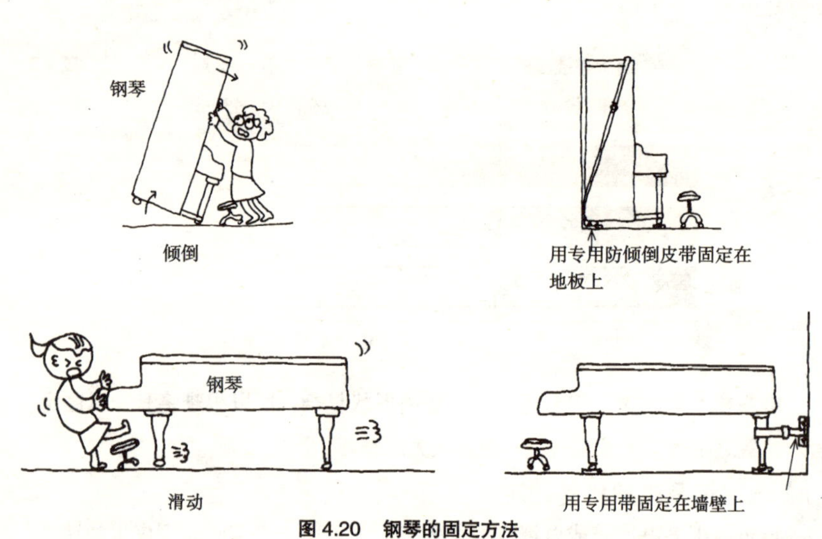

图 4.20　钢琴的固定方法

【名词解释】 **脚轮**

指为使钢琴等自重非常大的家具能像搬动椅子等那样被轻松地搬动，而在家具腿的下面安装的小轮子。这在日常生活中是非常方便的，但却伴有地震发生时容易使家具移动的危险性。

厨房与玻璃的“抗震对策”中都有哪些行之有效的方法?

Answer 大地震发生时厨房不仅会引发火灾，而且会处于非常危险的状态。放在厨房餐具柜里的餐具多为玻璃餐具或陶瓷餐具，地震时一旦餐具柜倾倒餐具就会破碎并洒落一地，给逃生带来很大的危险。而且餐具的损坏也会给地震后的生活带来诸多不便，所以防止餐具柜等倾倒是十分重要的。安全对策的第一条就是餐具的柜门玻璃。放在餐具柜中的餐具在地震波的晃动下就会打破柜门玻璃后被甩落到地上。

最近，市场上出现一种可防止玻璃碎片飞溅的贴膜，将这种贴膜贴在玻璃上可以防止玻璃破碎后碎片不掉落仍粘在贴膜上。另外非常重要的一点就是在购买餐具柜时，应尽量选择玻璃门少的橱柜。一般吊柜大多都被用于收纳金属厨具，这些厨具在地震中会被甩落到地上，十分危险。是否应设法将吊柜门设计成推拉门或虽为对开门但也不是那种能轻易打开、具有门锁功能的“抗震弹簧闩”。如果在餐具柜搁架表面贴上防滑膜，对防止餐具甩出也会有一定的效果（图 4.21）。

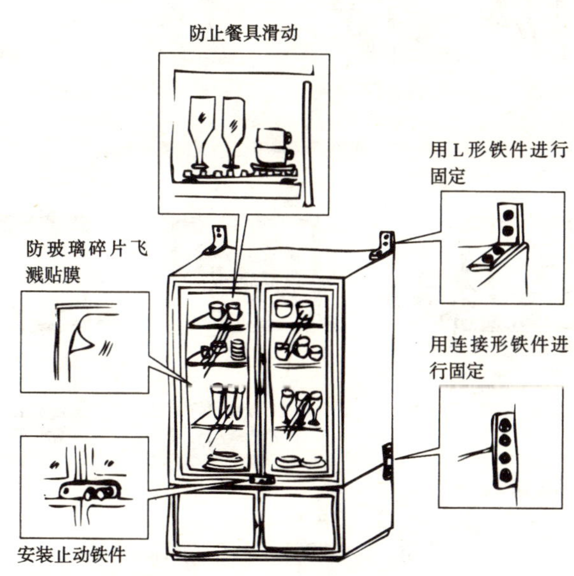

图 4.21　厨房周围的“抗震对策”

地震时玻璃破碎后，四处飞溅的玻璃碎片成为伤人凶器的情况十分常见。非常时期经常发生玻璃致伤的事故，据说受伤者中约10%的人都是被玻璃划伤的。在办公室或公寓中，从窗户到餐具柜全都是玻璃。在公寓中，紧急疏散时破碎的玻璃碎片散落在地上，这时一旦赤足就会被玻璃碴扎伤而无法继续逃生。而且玻璃破碎后也无法继续居住，类似的例子数不胜数。

为了防止玻璃碎片伤人，最近采用在两片或多片玻璃之间夹以十分结实的特殊透明膜，胶合而成的“防灾玻璃（夹层玻璃）”的很多（图4.22）。即使玻璃受到很强的冲击后破碎，其碎片也不会掉落、飞溅，能够有效地防止或减轻对人体的伤害。

除此之外，在家庭维修用品商店等处也可以买到防玻璃碎片飞溅贴膜。这种贴膜不仅对窗玻璃，而且对于餐具柜等也十分有效（图4.23）。

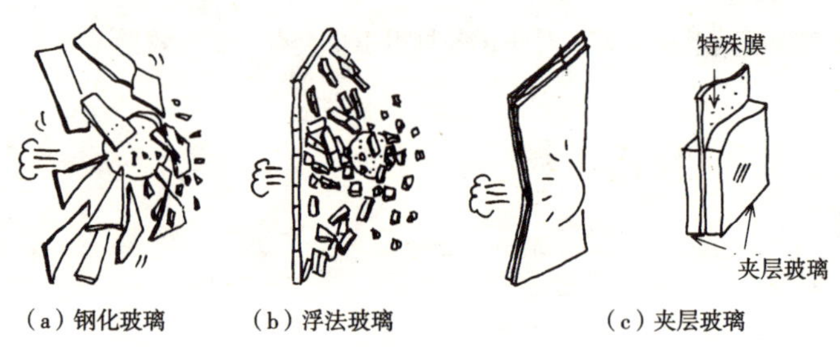

（a）钢化玻璃　（b）浮法玻璃　（c）夹层玻璃

图4.22　即使损坏也不会伤人的夹层玻璃

① 撕掉贴膜内侧的揭纸后直接粘贴在玻璃上，并用喷雾器将中性洗涤液均匀地喷在玻璃面与贴膜面上。

② 用类似直尺的刮板由上向下将玻璃与贴膜间的水分刮掉，注意在进行贴膜时不要使贴膜起皱。

③ 防玻璃碎片飞溅贴膜粘贴完毕。

图4.23　防止玻璃碎片飞溅贴膜的粘贴要领

第 5 章

关于设备共同事项的 Q&A

建筑设备抗震有哪些基本内容？

Answer

（1）建筑设备抗震的基本考虑

建筑设备抗震的目的是防止地震造成的一次灾害（直接灾害）和二次灾害（次生灾害）。其最终的目的是“确保人的生命安全”（图 5.1）。

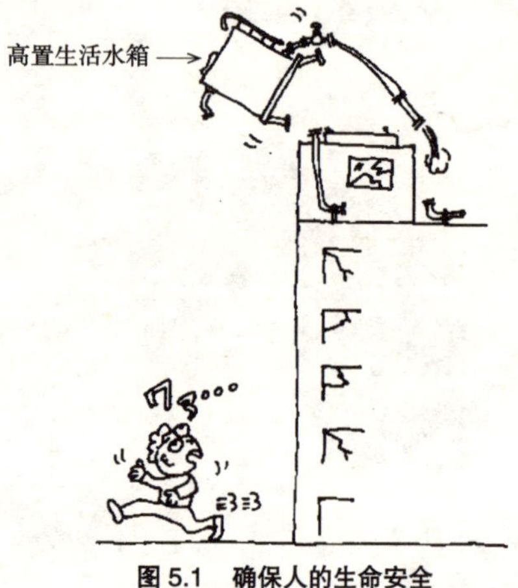

图 5.1 确保人的生命安全

① 所谓直接灾害是指地震对建筑设备等工程设施（机器、管线等）造成的破坏和由此造成的人身伤亡灾害。

② 所谓次生灾害是指地震发生后因地震破坏而引起的人工设施破坏及火灾、水灾、环境污染、疾病传染等灾害。

建筑设备抗震的着眼点就是将这些灾害控制到最小限度，确保避难生活及抗震修复活动所必备的功能。

（2）与建筑设备抗震有关的各种法规法令、指导方针、技术标准等

我们从过去的地震灾害的教训中总结了上述资料并公之于众。开始将建筑设备抗震一事纳入议事日程源于 1978 年发生的“日本宫城县海底大地震”。1981 年借这次地震之机对《建筑基本法实施令》进行了修改，出台了“新抗震设计法”。

1982 年日本建筑中心发表了《建筑设备抗震设计 · 施工指导方针》（主编：日本建设省住宅局建筑指导科）。该指导方针的思路就是将建筑设备牢固地支撑或固定在结构主体或非结构构件的装修材料上，并通过吸收发生在结构主体与建筑设备机器、配管等的“相关位移”来防止设备受到损坏。其结果为设备的破损减少，地震后建筑设备不用进行大的修补，建筑设备的功能也就有可能得到恢复。这之后，该指导方针在考虑了 1995 年的日本兵库县南部地震（阪神 · 淡路大地震）等惨痛教训的基础上又进行了多次修改，直至现在出版的 2005 年版。

另外，公共建筑协会从以更积极的态度确保建筑设备功能这一目的出发，于1986年出台了《政府行政设施的综合抗震计划标准与解说》，而后又在1996年出版了汲取日本兵库县南部地震（阪神 · 淡路大地震）惨痛教训的《政府行政设施的综合抗震计划标准与解说：1996年版》，当然在公共性较高的民用建筑中也在积极地维护建筑设备的功能，政府行政设施已对此进行了有效的运用。作为行政服务的一环，政府行政设施是一种以实现震后“防灾救助点设施”的功能，确保建筑设备的功能为目标的设施。

另外，我们将其他与建筑设备抗震有关的指导方针和技术标准等用表5.1表示出来，以供参考。

与建筑设备抗震有关的抗震指导方针及技术资料 **表5.1**

	名称	发刊日期	编辑发行	备注*
①	建筑设备抗震设计 · 施工指导方针 2005年版	2005年6月	日本建筑中心	A，B
②	政府行政设施的综合抗震计划标准与解说 1996年版	1996年11月	公共建筑协会	B，C
③	建筑设备抗震设计 · 施工方法	1997年10月	空调 · 卫生工程学会	A，B
④	建筑电气设备的抗震设计 · 施工管理手册	1999年6月	电气设备学会，日本电气设备行会	A，B
⑤	建筑设备 · 升降设备抗震诊断标准及修改指导方针 1996年版	1996年4月	日本建筑设备 · 升降设备中心	B
⑥	FRP水箱抗震设计标准	1996年6月	钢化玻璃协会	B
⑦	政府行政建筑的综合抗震诊断 · 修改标准及修改指导方针1996年	1996年11月	建筑维修中心	B，C
⑧	建筑设备用铜配管抗震设计 · 施工指导方针（方案）	1985年3月	日本铜业中心协会	C
⑨	后装螺栓施工指导方针（方案） · 解说	2005年2月	日本建筑后装螺栓协会	C
⑩	后装螺栓技术资料（修改版）	2005年5月	日本建筑后装螺栓协会	C

* A：可直接参考；B：可作为标准书参考；C：可作为专业书用于专门领域的参考。

确保建筑设备功能的着眼点和问题点是什么？

Answer 在大地震的地震力作用下，建筑物的建筑设备就会出现图 5.2“给水设施功能障碍示例”中所示的功能瘫痪。下面，我们就确保建筑设备功能的着眼点和问题点做一个简单的说明。

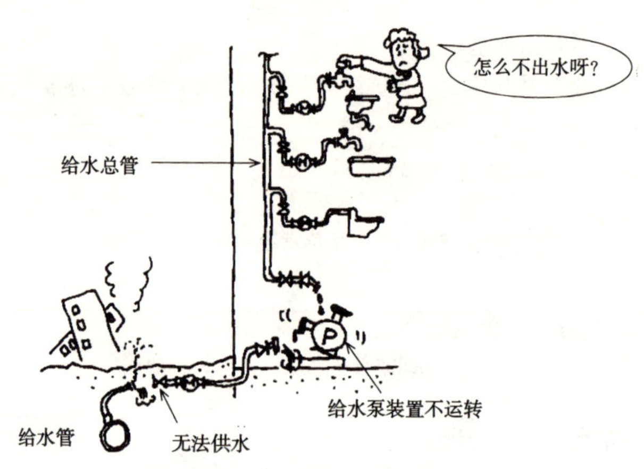

图 5.2 给水设施功能障碍示例

（1）确保建筑设备功能的着眼点

1）对确保建筑设备功能的处理措施：地震发生后，为确保建筑设备的功能正常，除需保证各个建筑设备系统在地震中不会遭到损坏外，还应提供设备运转用的能源及水，并配备保证设备运转的维修管理人员。为此，采用高强度的支撑、固定铁件将整个建筑物配置的建筑设备的机器及配管牢牢固定在建筑物的主体上、吸收它们之间产生的位移，即使地震力作用于机器本体也能保证其功能不变，以及拥有一支优秀的设备维修管理队伍等就成了不可或缺的必备条件。只有具备了这些条件，才能确保建筑设备的功能。

特别是“位移的吸收”，应能吸收建筑物主体与机器和配管之间、机器与配管之间产生的位移，并按各配管位置采取合理的“防止损伤对策”。但是作为建筑设备系统，提高可靠性使其在地震时毫发无损的确很难做到。为确保建筑设备的机器功能所采取的措施包括：对基本机器设备及配管进行支撑、固定与位移的吸收，以及对重要的建筑设备系统采取的“设计方面的措施”与“维修管理方面的措施”。

① 设计方面的措施：从建筑用地及建筑物在地震力作用下的特性、用途及建筑设备的重要程度进行考虑后提出的“确保功能的设定条件”出发，以生命线工程中断时建筑用地内的配置计划及建筑物计划为依据，确定机器设备的设置场所及其措施；不同机型的选择或具有转换电路的系统计划，备用电路及备用台数、设置方法、重要程度决定的优先系统的选择等。

② 维修管理方面的措施：在掌握地震发生后建筑物内的受灾状况与生命线工程受灾状况的同时，还应掌握对包括生命线工程在内的地区恢复所做的预测与储备状况以及设备维修管理人员的召集状况，对包括建筑设备发生损坏时如何选择重要的电路等日常演练的运转加以控制，同时还应保证重要设备临时电路的畅通及备件齐全，并对受损设备进行修理或另行配备，采取确保能源的相关措施。

2）对生命线工程中断的处理措施：确保重要设施及建筑设备在地震后的各项功能，以及预测生命线工程完全中止时的功能如何才能得到保证是非常重要的。即使建筑设备在地震中没有遭到丝毫的破坏，但只要供电、供水、供油、供气等一处出现中断，或建筑设备因没有设备维修管理人员，就无法保证建筑设备功能的正常运转。

为确保能源不中断，使生命线工程恢复到震前状态，应对确保建筑设备功能恢复所需的时间进行认真的研究，这一点是非常重要的。

3）确保设备维修管理人员：地震对建筑设备造成的破坏是无法预测、连续不断发生的。因此，对受灾状况进行判断并采取相应的措施是必不可少的。设备系统线路的转换、优先供给对象的选择，以及确保配有一批可以进行检查维修或根据临时线路的设置等具体情况使设备重新运转的设备维修管理人员是至关重要的。

（2）确保建筑设备功能存在的问题

日本建筑中心发表的《建筑设备抗震设计 · 施工指导方针》的宗旨是出于一种消极的（被动的）考虑，即对设备机器（设备机器的抗震性能已由制造商另行确认）进行牢固的支撑和固定，如果对地震力产生的相互位移（建筑物主体相互间或机器设备、配管类等的相关位移）的随动性好，则“不会产生严重损伤，而且即使受损，用于恢复作业所需的劳动力和时间也会很少”。但正如前面所述的那样，为能确保建筑设备的功能，从多方面采取积极的（主动的）措施是不可或缺的。

1）设备机器的抗震强度：关于机器设备本体的抗震强度，目前高置生活水箱・贮水槽及冷却塔两种设备可分为各种指导标准类，统称：1.0G、1.5 G、2.0G 型等，是目前生产制造、市场销售的所谓“必要强度的商品”。可以说对于其他的机器设备等，要想保持机器的形状，进而保证其功能的强度是极为困难的。

2）设计、施工方面影响配管抗震性能的问题：对指导标准类的规定决定了横接管中受抗震强度等级作用的地震力与抗震支撑的种类，而且对于立管部分也按照管径及管型、接头等将支撑、固定间隔的设置范围以图表的形式表现出来。图 5.3 就是因支撑不足造成配管切削螺纹部位破损及小孔径管支管的切削螺纹部位损坏的一个实际例子。

但是不仅仅只是这类问题，大地震中配管等遭到破坏的很多案例都像图 5.4 中所示的那样，问题发生在由与机器连接的配管或由主管处接出的支管或与安装在顶棚上的器具连接的配管上。实际上设置在顶棚内配管、管道等十分集中，即使采用的是挠性软管，但一旦遇到问题也很难应对。

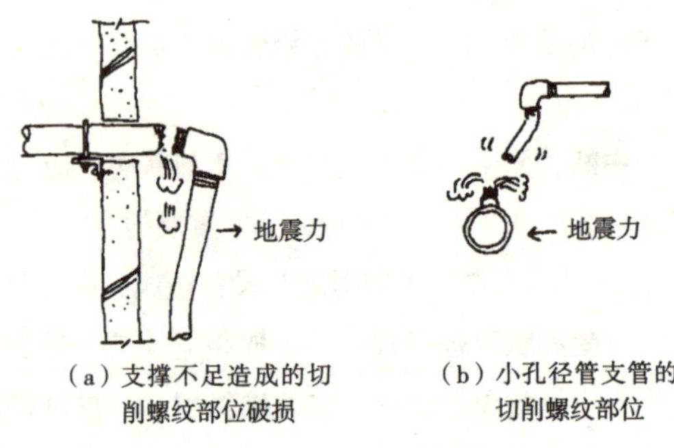

（a）支撑不足造成的切削螺纹部位破损　（b）小孔径管支管的切削螺纹部位

图 5.3　地震动引起的切削螺纹部位破坏

图 5.4　自动喷洒灭火装置喷头破损与集中安装在顶棚内的配管

（3）确保建筑设备功能的规定与观点

关于这个问题，可以参考《政府行政设施的综合抗震计划标准与解说》。下面，我们根据该标准对确保功能而应注意的基本事项做一个说明。

1）应采用适合于确保建筑设备功能的机器设备及配管：建筑设备中有电气、空调、通风换气、给水、排水、防灾、升降机等许多设备。为能确保这些设备的功能，应对下述事项进行认真的研究。

① 采用抗震性能好的设备，如自备发电设备、水箱、冷却塔及其他设备。

② 采用附属设备少、独立性高的机器设备，如成套设备、风冷式设备。

③ 应对出现破损或故障时的应急措施加以考虑，采用两套配管或可转换电路。

④ 对移动式装置及可搬动机器设备的应急处理措施。

2）生命线工程中断时为确保电源、给水、排水功能所采取的对策：

① 应设置一旦商业电源停电时即可投入使用的“自备发电装置”：燃料用的油量应贮备可以保证一直使用到商业电源通电时的用量，或确保可以使用 3 天的油量，并对第 4 天以后的油量补充方法等进行研究。

② 应采取必要的措施，以确保水源的多样化及给水系统的抗震性能。

③ 当排水设备无法将水排放到建筑用地外时，应配备可保证具有一定期间排水功能的排水池或贮存排水的贮水池。

3）实际建筑中确保建筑设备功能的计划：因设施用途及该建筑设备重要性的判断与确保功能的设定天数等问题对建筑计划有很大的影响，所以发包者（业主）及使用者、设计者等应进行充分的协商后才能决定。由于确保功能对策的影响范围很大，因此应对计划、建筑计划及设备系统，乃至维修管理体制进行认真、充分的研究。

什么是建筑设备抗震的基本元件——固定铁件的必要强度?

Answer 关于防止地震时机器设备及配管等损坏的基本元件——固定铁件强度的计算，在日本建筑中心发表的《建筑设备抗震设计 · 施工指导方针》中规定了具体的标准、方法等。

（1）适用范围

指导标准类的适用范围如下：设置在高度 60m 以下的钢结构（S 结构）、钢骨混凝土结构（SRC 结构）、钢筋混凝土结构（RC 结构）建筑物中的建筑设备的装配、安装应采用生产厂家指定的方法认真进行，机器设备本体的抗震性能则另由制造商进行确认。

（2）对作用于机器设备的地震力进行计算

对作用于机器设备的地震力的计算包括：由局部烈度法进行的计算和建筑物"动态分析"（参见"名词解释"）进行的计算。一般的情况下都采用局部烈度法。

> 【名词解释】 **动态分析**
>
> 与振动分析（vibration analysis）同义，即用动力学的方法对建（构）筑物的"振动状态"进行分析。所谓"动力学（dynamics）"，就是研究物体受力和运动状态变化规律的学科；而物体在外界作用下机械运动状态保持不变（平衡）时所受的力的条件则是"静力学"。

① 采用局部振动法时，发挥作用的设计用水平地震力 F_H 的计算方法用下列公式表示。这是一种考虑建筑物在地震时的动态效果，并用局部振动法计算出设计用水平地震输入后，通过允许应力设计法检验屈服强度的方法。

$F_H=K_H \cdot W$，$K_H=Z \cdot K_S$

其中，K_H 表示设计用水平烈度（20 世纪初，日本首先提出水平最大加速度是地震破坏的重要因素，把地面运动最大加速度和重力加速度的比值 K 定义为水平烈度——译者注）；W 表示机器设备的重量；K_S 表示设计用标准烈度，表 5.2 表示用局部振动法求出的值；Z 表示地域系数，在 1980 年日本建设省第 1793 号告示中，根据地震发生的危险程度将日本全国分为（Z=1.0、0.9、0.8）三个等级的区域，采用局部振动法时，通常可以归为 1.0。如果竖直地震力在建筑设备抗震中同时产生水平方向和竖直方向的地震作用，其设计用垂直地震力即按设计用水平地震力的 1/2 计算。

利用局部振动法求得的建筑设备设计用标准烈度
（用于地上 60m 以下的建筑物）　　表 5.2

抗震级别 \ 楼层	建筑设备的抗震强度等级			适用层的划分
	抗震强度等级 S 级	抗震强度等级 A 级	抗震强度等级 B 级	
顶层，屋顶及屋顶间	2.0	1.5	1.0	屋顶间 顶层
中间层	1.5	1.0	0.6	中间层
地下层及一层	1.0（1.5）	0.6（1.0）	0.4（0.6）	1 层 地下层

· 括号内的值适用于地下层及一层设有水箱等情况。
· 当装有防震装置时，抗震强度等级 B 级适用于等级 A,A 适用于抗震强度等级 S 级。
· 高层的定义应以《建筑设备抗震设计 · 施工指导方针（2005 年版）》为准。

② 对隔震建（构）筑物动态分析时的地震力，可由结构设计人员提供的各层地面震动“楼面反应”（参见“名词解释”）的加速度值求出。

【名词解释】 **楼面反应**

又称“地面反应（floor response）”，指建筑物各层地面位置对地震作用的反应。是了解摆放在地板上家具及设备等反应所必需的。

（3）横接配管等

① 当对作用于配管等的地震力考虑了配管的振动状态后，按配管重量采用抗震强度等级 A 级、抗震强度等级 B 级时是乘以约 0.6(假设设计用水平烈度)、抗震强度等级 S 级时则是乘以 1.0 求得的。应确保配管的支撑间隔与抗震支撑间隔。

② 表 5.3 表示抗震强度等级决定的抗震支撑的适用范围。SA 类、A 类抗震支撑是由作用于地震时支撑材料的拉伸力、抗压力、弯矩相对应的构件构成的。另外 B 类抗震支撑材料是由吊装材料、中心架斜撑材料中的拉伸材料构成的。

③ 作用于横接配管的地震力与抗震支撑的适用范围如表 5.4 所示。

横接管等抗震支撑的适用范围（摘要） 表 5.3

<table>
<tr><th rowspan="2">设置场所</th><th colspan="2">配管</th><th rowspan="2">风 道</th><th rowspan="2">电气配管</th></tr>
<tr><th>设置间距</th><th>种类</th></tr>
<tr><td colspan="5">与抗震强度等级 A 级、B 级相对应</td></tr>
<tr><td>顶层、屋顶、屋顶间</td><td rowspan="3">配管标准支撑间距的3倍以内（当为钢管时4倍以内）设置1处</td><td>A类</td><td>管道的支撑间距约12m以内时设置1处为A类或B类</td><td>电气配管的支撑间距约12m以内时设置1处为A类或B类</td></tr>
<tr><td>中间层</td><td>50m以内设置1处为A类，其他为B类</td><td rowspan="2">采用普通的施工方法</td><td rowspan="2">采用普通的施工方法</td></tr>
<tr><td>地下层、一层</td><td>B类</td></tr>
<tr><td colspan="5">与抗震强度等级 S 级相对应</td></tr>
<tr><td>顶层、屋顶、屋顶间</td><td rowspan="2"></td><td>SA类</td><td>管道的支撑间距约12m以内时设置1处为SA类或A类</td><td>电气配管的支撑间距约12m以内时设置1处为A类或B类</td></tr>
<tr><td>中间层</td><td>50m以内设置1处为SA类，其他为A类</td><td rowspan="2">管道的支撑间距约12m以内时设置1处为A类或B类</td><td rowspan="2">电气配管的支撑间距约12m以内时设置1处为A类或B类</td></tr>
<tr><td>地下层、一层</td><td></td><td>A类</td></tr>
<tr><td colspan="5">当为以下各项时，上述适用范围除外</td></tr>
<tr><td>除适用范围外</td><td colspan="2">① 50A以下的配管，当为钢管时应为20A以下的配管
② 吊挂长度为平均30m以下的配管</td><td>① 周长1.0m以下的管道
② 吊挂长度为平均30m以下的管道</td><td>① ϕ82以下的单独电线管
② 周长80cm以下的电气配线
③ 额定电流600A以下的母线槽
④ 吊挂长度为平均30m以下的电气配管</td></tr>
</table>

（《建筑设备抗震设计 · 施工指导方针（2005年版）》摘要）

作用于横接管等的地震力与抗震支撑的种类 表 5.4

	抗震强度等级 SA 级	抗震强度等级 A 级	抗震强度等级 B 级
地震力施力*	$W\times1.0$	$W\times0.6$	$W\times0.6$
抗震支撑的种类	SA 类	A 类	B 类

注：W：配管的重量(N)。

*：1.0 及 0.6 相当于设计用水平烈度作用于配管支撑材料上的值。

超高层集合住宅中都存在哪些抗震问题?

Answer 最近，市中心周边的超高层集合住宅（超高层公寓）骤增。下面准备谈一下超高层集合住宅及超高层建筑物在抗震方面存在的问题。

（1）超高层集合住宅中抗震强度等级的设定

1）对超高层集合住宅固定铁件强度设定值的调查：超高层建筑物是一种建筑规模大、居住人数或工作人数多的建筑物。到底应当采取一种什么样的对策才能确保用于建筑设备的支撑或固定铁件的强度及功能？与中高层建筑物相比，超高层建筑物通往避难层的线路长、高低差大、需要花费的疏散时间多，所以超高层建筑物应是一种即使地震时有火灾等灾害发生，紧急疏散通道的安全性也会通过"防灾的相关设备"得到保证的建筑。从对建筑物进行动态分析的"超高层集合住宅"的抗震实际案例来看，可归纳为以下几点：

① 关于结构种类造成的各层平均地面反应加速度，大地震时普通建（构）筑物的最大值为550gal，隔震建（构）筑物的最大值约为其70%。

② 在所有被调查的建筑物中，层间位移角均为1/100以下。

③ 关于机器设备的固定铁件强度，一般在普通结构及隔震建（构）筑物中，当为重要机器时多为"抗震强度等级A级"，普通机器则为"抗震强度等级B级"。

④ 关于横接配管等的固定铁件的强度，普通结构的超高层集合住宅均为与地震力0.6G相对应的"抗震强度等级A级、B级对应"，而在隔震建（构）筑物中只有一栋采用与地震力1.0G相对应的"抗震强度等级B级对应"的。隔震建（构）筑物与普通建（构）筑物相比虽然地面反应加速度要小，但可以看出将隔震层作为抗震性能更好建筑物的趋向。

由此可以得知，与中高层建筑相比虽然超高层建筑的"地面反应加速度"要小，但对机器设备及横接配管的支撑及固定铁件强度进行设计时应留有一定的余地，即应考虑得大一些，以期能强化重要设备"防灾的相关设备"的抗震性能。

2）确保支撑及固定铁件的抗震强度等级的设定：根据上述的抗震调查等可以得知，建筑设备抗震对策的许多设定基本上采用的都是以地上60m以下为适用范围的"局部烈度法"，其设定等级中"抗震强度等级B级"与"抗震强度等级A级"各占一半。下面，我们便对抗震强度等级的建筑用途的案例做一个说明。

① 与机器设备固定有关的“抗震强度等级 B 级”或与横接配管等支撑相对应的“与抗震强度等级 B 级相对应”是依据《建筑基本法》等法规标准所适用的设计、施工抗震强度，但一般多被用于地震力较小的超高层建筑。

② 对机器设备等进行固定的“抗震强度等级 S 级”或与横接配管等支撑相对应的“与抗震强度等级 S 级相对应”是适用于地震后防灾恢复救助点——政府各核心设施及急救医院、公共建筑、民用建筑中重要建筑设备等的设计、施工抗震强度。

③ “抗震强度等级 A 级”和“与抗震强度等级 A 级相对应”适用于要求具有抗震强度介于两者之间的用途以及重要建筑设备的设计、施工抗震强度。超高层集合住宅或超高层事务所最好采用该等级。

因超高层集合住宅的规模大、居住人数多，所以重新认识超高层集合住宅对地区社会（在一定地区组成的生活共同体）的巨大影响是十分重要的。另外，我们还对地震造成的受灾状况进行了设计：亦即建筑物的结构性损坏程度轻而且即使地震后电梯停运，也要保证大部分居民在大楼中能够生活下去。

根据这种状况，估计对确保建筑设备震后避难生活必备功能的要求与希望与中小规模的建筑物相比要更大一些。避难生活所必需的电气设备、给水设备、信息设备等，应按“抗震强度等级 A 级”或“抗震强度等级 S 级”设定。

（2）确保超高层集合住宅建筑设备的震后功能

1）确保超高层集合住宅震后建筑设备功能的现状：在对最近建设的超高层集合住宅中确保震后功能状况进行调查的结果表明，除个别建筑外，目前很多建筑物正如下述的那样基本上没有什么变化。

① 应确保饮用水而特意准备雨水池和移动式过滤装置，以能在生命线工程及建筑物给水装置遭到破坏后也可使饮用水得到保证的建筑物只有一栋。

② 为保证重要房间（监控室）的空调能够正常运转，有些建筑物中的空调没有采用集中供暖或供冷的中央空调而采用了房间空调器（窗式或分体式空调）。这样，当大型空调设备出现损坏或因生命线工程破坏而停止运转时，通过自备发电机便可以实现换气、空调等功能了。

对于确保超高层集合住宅震后建筑设备功能的对策处于这样一种状态，绝不能认为是采用了 120% 的抗震对策。

2）超高层集合住宅中实现确保建筑设备功能的案例：图 5.5 所示的是一个确保超高层住宅建筑设备功能的案例。下面，我们对被调查的东京超高层住宅中为确保震后建筑设备的功能进行充分研究的具体案例做一个说明。

（建筑概要：结构为普通结构，地上 43 层，占地面积约 92000m^2，650 户）

① 为能确保最为重要的电气设备不出现断电，备有自备发电机并准备了可运转 3 天的燃料油。

② 在确保杂用水方面在贮水槽及高置生活水箱周围安装了“紧急断流阀”，这样可保证即使配管等出现破损也可将漏水减至最小限度（地震时的有效水量约为 50%），可确保约 3 天的杂用水用水量。

③ 地震后即成为可向高层各层提供杂用水的供水系统。各层垃圾站的阀栓平时提供上水，遇有灾害时便可切换成杂用水（也含雨水利用）向各层提供杂用水的给水系统。

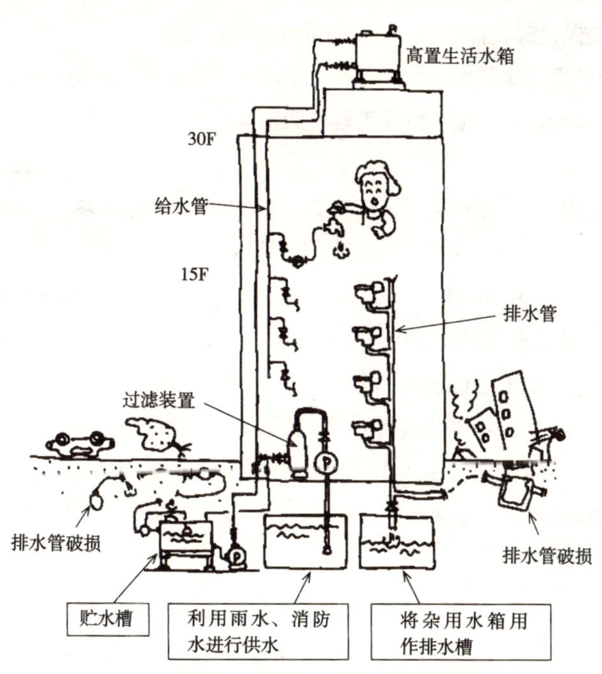

图 5.5 确保超高层住宅建筑设备功能的示例

④ 确保水槽在遇到灾害时即可作为排水槽用，即使下水管出现破损也能如期将水排放出去。

（3）今后超高层建筑中建筑设备抗震的理想状态

关于日本建筑设备抗震的考虑与对策，应以《建筑设备抗震设计 · 施工指导方针：日本建筑中心发表》为准，该指导方针的适用范围为“地上 60m 以下”，是按现在这种超高层建筑林立的状况设想的。

超高层建筑抗震性能的目标因考虑进建筑规模及社会性因素后，采用的标准要比中高层建筑的标准高。

1）确保重要建筑设备功能的方法：首先应提高支撑、固定及吸收位移的性能标准。其次为确保实现更高的设备功能，不仅要确保机器设备本身的形状以获得更高设备功能，而且为加强确保功能的强度还应采用配管具有抗震性、抗震强度好的成套设备及风冷式设备。另外，应将设备分开设置或选择地面反应加速度小的楼层及场所，配置配管转换线路、两套配管及备用线路、分系统及重要设备系统双重化、水槽周围设置断流阀等应急控制装置，准备可接受外部援助的线路等许多不同的设备系统设计应急方案。

2）对确保建筑设备功能所需时间进行考虑：当生命线工程遭到破坏时，因民用住宅及业务用建筑都属于私人财产，所以即使是超高层建筑，其必要的建筑设备功能也应得到保证。在生命线工程中断期间，大城市的大地震地区应按下述设想进行：

① 电力：当为专用电路时，应在 2 ~ 4 天之内使大部分地区的电力得到恢复。

② 电话：应在 2 ~ 4 天之内使大部分地区的电话得到恢复。

③ 给水：作为杂用水，应在 14 ~ 30 天之内恢复大部分地区的供水。但若使 90% 的供水得到恢复则需有 2 个月左右的时间。

④ 燃气：当为低压管时，恢复 60% ~ 70% 的供气需有 3 个月左右的时间；当为中压管时则应有半数的供气可能得到恢复。

因超高层建筑的建筑用地比较宽裕，所以应将“防灾用水井”纳入计划，而且应在考虑电梯停运的生活因素后，将高层各层公共用水供水系统纳入计划。

隔震结构的超高层集合住宅在建筑设备的抗震方面都有哪些注意事项?

(1)地震力施加于隔震建(构)筑物时的特点

隔震建(构)筑物的地面反应加速度与超高层建筑十分相似。大地震发生时的振幅约为 30 ~ 70cm,而且周期长、地面反应加速度也能达到 200 ~ 550gal。因此隔震建(构)筑物中为实现抗震固定及位移吸收所进行的抗震设计、施工方法基本与超高层建筑相同。根据这种状况,应当引起注意的是:应对水箱类采取防晃措施和增加电梯钢缆,以及对建筑物的各种配管引入部位的位移吸收采取相应的措施等。

从隔震建(构)筑物在日本兵库县南部地震(阪神 · 淡路大地震)和日本新潟中越地震中几乎未受到什么破坏来看,也许可以说隔震建(构)筑物在整个建筑物中的抗震性能已在事实中得到了验证。

(2)超高层集合住宅采用隔震结构的意义与存在问题

目前包括超高层集合住宅在内的许多建筑物都采用了隔震结构,超高层集合住宅的地面反应加速度与普通的超高层建筑相比隔震结构要稍小一些,所以地震发生时的安全性比普通的建(构)筑物要高。但对于建筑设备的抗震化方面设备机器及配管等的支撑、固定铁件的设计强度规格,很多都采用与普通建筑同等程度的强度,而且认为比较安全,故施工状态保持与平时一样就可以了。基于这种认识,在抗震化方面还存在有对各重要部分详细节点的研究不够充分的缺陷。

另一方面,有观点认为因建设业主(开发商)方与居住方已采用了隔震结构故可以高枕无忧,认为不用对震后的生活进行什么特别的准备,而且有产生矛盾的可能性。

为能确保震后避难生活所必需的电源及给水、排水、通信等建筑设备功能,应对建筑方面的整体计划进行研究,并与建设业主(开发商)和设计人员进行充分的协商。即使是隔震结构的超高层集合住宅,也应对如何确保包括生命线工程中断在内的设备功能在各建筑物的不同处加以注意(图 5.6)。

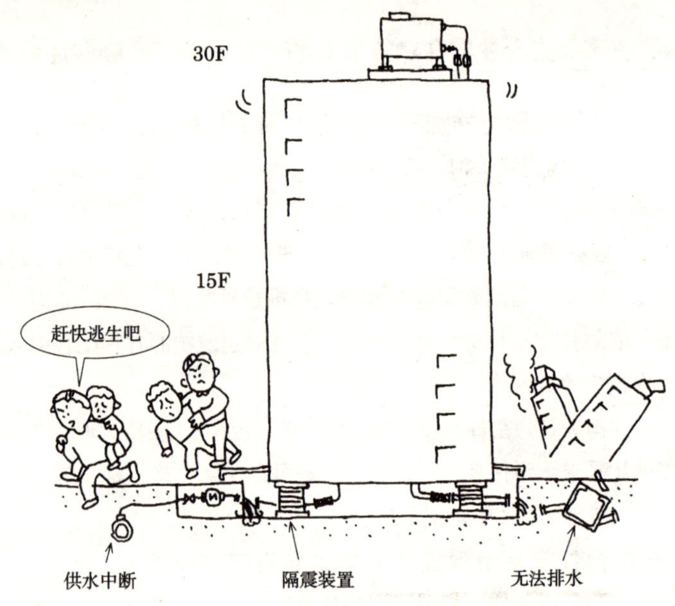

图 5.6　隔震结构的超高层住宅与设备

(3) 对隔震结构超高层建筑中的建筑设备进行的抗震设计和采取的施工措施

对隔震结构超高层建筑中的建筑设备进行的抗震设计和采取的施工措施如下：

① 虽然地震力比较小，但还是应当在考虑了超过以往的位移量后再对细部的衔接进行研究，而且在进行设计、施工时应将支撑、固定与位移吸收措施等因素充分考虑进去。虽然这在设计图纸资料中很难体现出来，但却是不容忽视的。

② 建设业主（开发商）及居住者对地震灾害的关心发展成一种期盼如何才能免遭地震破坏和维持震后避难生活的社会动向。钟情隔震结构的建设业主（开发商）主张建造的建筑物所采用的抗震措施要优于普通的建筑物，所以在考虑了这一意向后，为能积极确保震后避难生活中建筑设备的功能，应在设计阶段便对此加以确认。否则即使建筑物内未遭到破坏，但生命线工程一旦中断，也无法保证正常的生活。关于生命线工程恢复的预测问题可参考第 2 章 Question 1 中的图 2.1，而且在生命线工程的恢复期间应采取自救性的抗震措施。

为确保建筑设备的功能，设计上应采取哪些对应措施？

根据抗震强度等级，可以对支撑、固定铁件强度及横接管等的固定铁件的种类进行计算、选择。但根据“抗震强度等级”对建筑设备系统进行具体的分类时，因建筑条件及建筑物状况的不同，所以也是十分困难的。因此在要求具有抗震安全等级 A 级及抗震安全等级 S 级等高抗震性能的建筑物计划中，为提高抗震的安全性，可增加机器设备与配管类的固定及位移吸收量，尽可能在设计上与建筑设备系统相对应。

下面，就地震灾害受灾严重的实际例子对提高抗震安全等级做一个具体说明。

（1）与机器设备连接的配管

因机器类与连接配管由地震力带来的振动特性不同，所以肯定会产生位移量。但是与钢罐等不发生振动的机器设备连接的配管是否需要采用可吸收位移的挠性联轴节应根据抗震安全等级做出判断。

图 5.7（a）中是以标准的抗震安全等级 B 级为例，表示不发生振动的机器设备。正如图中所示，钢罐和连接配管与结构主体的连接十分紧密、牢固。该部位产生的一些相关位移量可以通过连接配管的柔软性（挠性）得到吸收。

但是当为抗震安全等级 S 级、抗震安全等级 A 级时，则像图 5.7（b）中所示的那样，所设置的吸收位移挠性联轴节是一种可随意调节的连接。抗震安全等级高时，应采用可吸收相关位移的挠性联轴节。

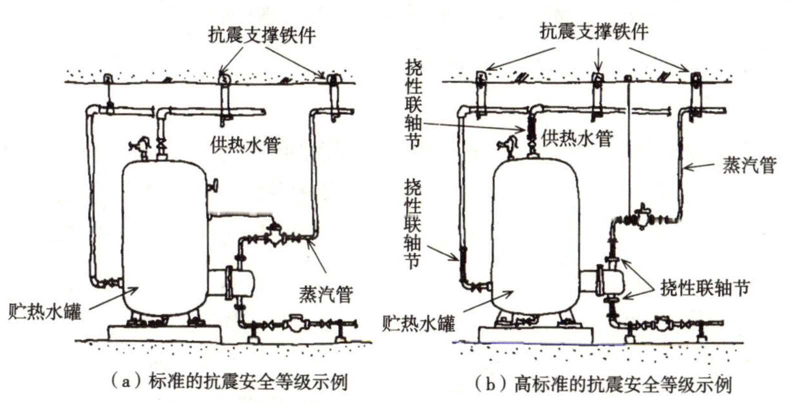

图 5.7　抗震安全等级决定的机器设备与连接配管示例

（2）防止配管与配管或建筑非结构构件接触

因顶棚及墙壁等建筑非结构构件与配管及管道的振动特点不同，所以它们之间经常会产生接触。

图 5.8 表示的是安装在受灾频繁顶棚处的自动喷洒灭火装置连接配管的示例。图 5.8（a）是最近采用标准的施工法在连接配管处采用挠性管接头以吸收位移的一个示例。这时由于管道移动（晃动）挠性管接头便会与管道相碰，并发生故障。另外，图 5.8（b）中所示的是确保连接配管与管道等的间距在 20cm 以上，即使地震时出现晃动也可防止出现相碰的一个示例。顶棚内装有配管及管道、电线等，确保这样的间距存在一定的难度，所以需要开动脑筋，达到所要求的等级标准，这一点也是非常重要的。

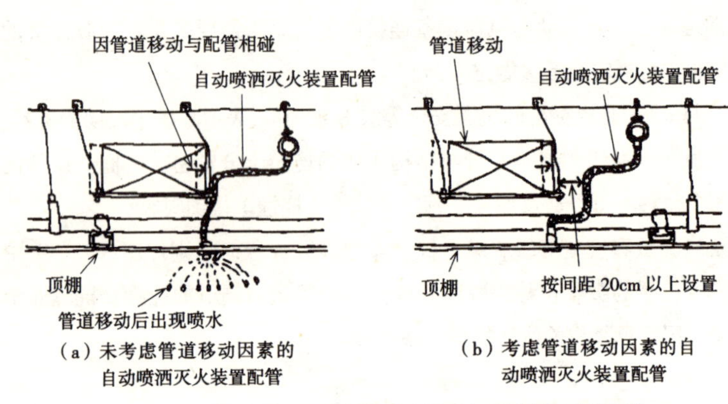

（a）未考虑管道移动因素的自动喷洒灭火装置配管　（b）考虑管道移动因素的自动喷洒灭火装置配管

图 5.8　抗震安全等级决定的自动喷洒灭火装置连接配管示例

（3）建筑物的管线进线部位是否需要设置管道沟承台

建筑物的管线进线部位因地震力对地基的影响与建筑物振动特性的不同，就会产生相关位移，对此就应采取措施，以防配管等出现不合理的变形或增加应力。

经常采用的是直接埋设施工法或利用承台、管沟等方法。图 5.9（a）表示的是标准抗震安全等级管道沟示例。当出现超过建筑物主体开口与管道沟开口宽度的较大位移时，配管就会受到损伤。此外，图 5.9（b）是采用抗震安全等级 S 级及抗震安全等级 A 级的一个示例。这是将管道沟承台设置在主体部位，以防建筑主体与管道沟产生剧烈位移的示例。

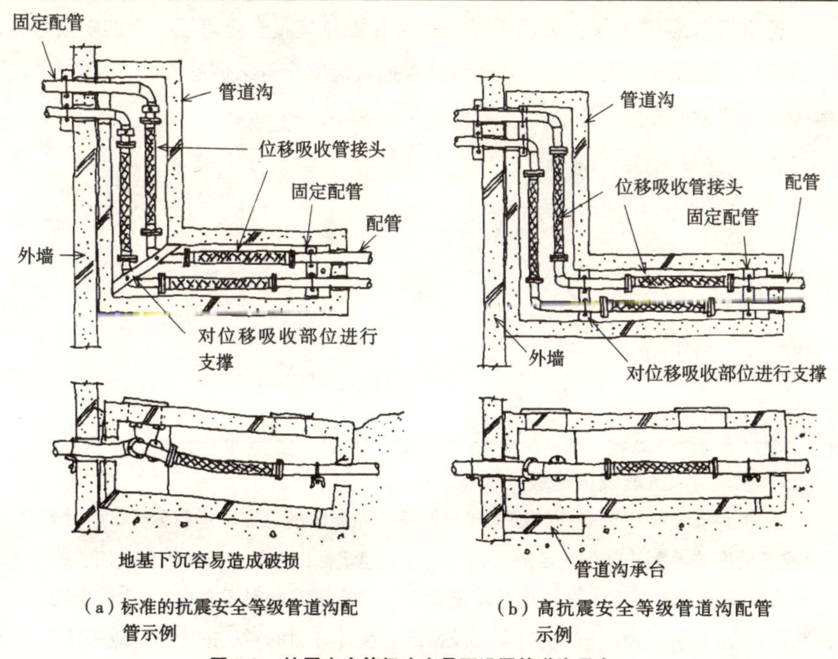

（a）标准的抗震安全等级管道沟配管示例

（b）高抗震安全等级管道沟配管示例

图 5.9　抗震安全等级决定是否设置管道沟承台

（4）耐震水槽的选择与设置方法

水槽可以反映出抗震强度的强弱，而且水槽也是利用振动台进行试验的设备，不过水槽也是地震中很容易受到损坏的设备之一。因此就应考虑在防灾救助点及医院等在地震后仍能确保建筑设备功能的建筑物中，选择那些在地震中更为抗震的水槽。这样，在考虑了水槽的强度规格，并选择确实耐震、安全性好的水槽时，应参考以下各项内容：

抗震安全等级 B 级：配备具有规定强度的水槽。

抗震安全等级 S 级：配备规格最高的 2.0G 的水槽。

在进行设计时，应考虑到下述因素：

① 设置地面反应加速度小的台阶。

② 即使是同一规格，也应选择基本强度高的一体式钢板水槽。

③ 考虑到水槽的维修因素，应备有 3 槽以上的水槽。

④ 改变 3 槽以上的各水槽的平面形状，或将其的设置方向改变为 90°。

抗震安全等级 A 级：为抗震安全等级 B 级与抗震安全等级 S 级的中间等级，所以应以抗震安全等级 B 级为基础，并根据抗震安全等级的必要性，从抗震安全等级 S 级的各种方法中选取。

【名词解释】 **抗震安全等级**

“抗震安全等级”是指按确保建筑设备功能顺序的可靠性进行分类，但并不是《建筑标准法》等法规中规定的内容。由以《建筑标准法》及《建筑标准法实施令》等为标准的抗震强度水平决定的建筑设备为“抗震安全等级 B 级”。为确保功能，制订计划时将机器设备的功能强度及系统、设计方面的对应措施考虑进去的建筑设备则为“抗震安全等级 S 级”。介于两者之间的抗震安全等级为“抗震安全等级 A 级”。所以抗震安全等级没有绝对值，只是一种相对的表示。

由此可见，在以“抗震安全等级 A 级”为例时，支撑、固定铁件强度为“抗震安全等级 S 级”、水槽强度 1.0G 改为 2.0G、机器成套化、机器台数分为两套、配管采用两套化。而以“抗震安全等级 S 级”的给水设备为例时，则如下述各项所示需根据建筑物状况采取积极的措施。

① 水槽应将 2.0G 型的低高度、3 槽以上的水槽分开设置。

② 平面形状为长方形，设置时应在地面反应加速度小的阶梯处改变设置方向。

③ 应在水槽的周围设置紧急断流阀，防止给水管出现漏水。

④ 作为杂用水的水源，应在城市水道方面增设防灾用水井。应确保可提供 3 天的用水，并配备井水用过滤灭菌器。

⑤ 应在每个水槽处设置数台给水泵，通过控制可以选择全部或部分给水泵。

⑥ 给水系统应按用途及面积分别设置。当有高置生活水箱时，作为防止水槽及给水管线破损的措施之一，可以另行备用一条通过阀门的切换即可直接将水送至具有重要用途之处的线路。

⑦ 重要系统处应同时设置专用泵，以保证可以从各水槽中取水。配管线路与普通系统不同，应采用抗震性能好的配管材料与接头。

位移吸收管接头与挠性管接头有什么不同？

Answer 当地震力作用于配管等时，便会产生各种位移。其中包括：与设备本体紧密连接的配管支撑、固定部位构成相互位置的各楼层的层间及伸缩部位、建筑物的管线进线部位，以及机器设备与连接配管、配管的主管与由主管处接出的支管、建筑装修材料与安装器具的连接配管等。

设置在这些部位，用于吸收地震时受地震波影响产生的位移量的管接头就是位移吸收管接头。位移吸收管接头可以吸收在地震力作用下配管支撑、固定部位相互产生的与轴端面方向的位移量，地震力作用于轴向时也可将轴向位移量控制在最小限度内。

另一方面，挠性管接头既可吸收通常运转中机器设备振动产生的位移量，也可将机器设备产生的振动吸收后传递到配管侧，同时还可与器具类和连接配管的省力化施工法一起使用，当然轴端面也可吸收轴向的位移量。

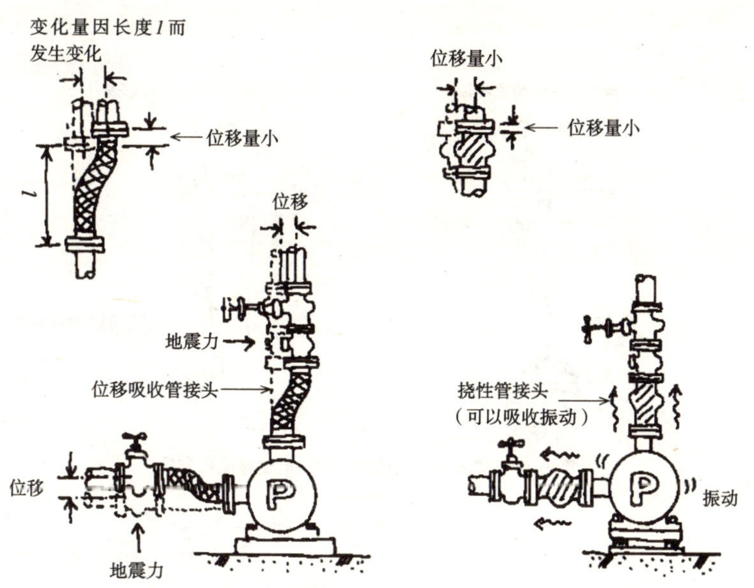

图 5.10　位移吸收管接头与挠性管接头的不同点

图 5.11 表示位移吸收管接头与挠性管接头的不同之处。当位移发生在配管等处时，对其产生的位移进行控制的就是支撑、固定铁件。进行控制时所必需的强度是增加了对管接头本身位移的反作用力和控制管接头拉伸力的强度。因此，即使地震力在起作用，如果管接头没有拉伸，那么只要通过管接头本身的反作用力也就足够了。换句话说就是当地震力作用于轴向时，其区别就是或者通过管接头本身控制管接头轴向的“拉伸”，或者在配管侧进行控制。

位移吸收管接头采用橡胶制、金属制、机械式 3 种类型。图 5.11 表示橡胶制与金属制管位移吸收管接头的轴向位移状况。一般将配管弯成直角最少需要有 3 个接头才能完成 3 个轴向的改变。除在制造时不得已而为之外，一般是不向轴向偏移的。

机械型位移吸收管接头通过球窝管接头或回转管接头等就可以使角度向轴端面方向变换，所以基本上采用 3 个以上时便可以吸收位移量。另外，市场上已出现套管式与球窝管接头一体化的管接头。如果位移量少，用 1 个或 2 个这样的管接头就可以吸收轴向的位移了。

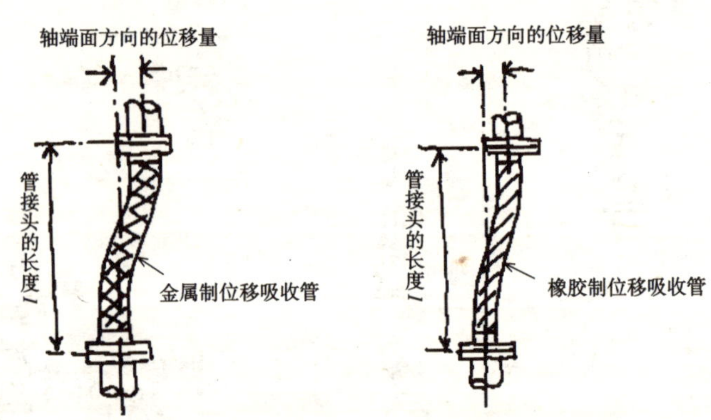

图 5.11　橡胶制与金属制管接头的位移吸收方法

第 6 章

关于空调换气设备的 Q&A

对空调换气设备进行“抗震诊断”的着眼点都包括哪些内容？

Answer 尽管是空调换气设备，但在对建筑设备的机器等进行“抗震诊断”时，其着眼点也有“优先顺序”（priority）。

首先，应从一旦安装在建筑物屋顶上的机器设备等从屋顶掉落就有可能危及人的生命安全这一角度出发来实施诊断。特别是机器设备坠落到建筑物周围的“通行道路上”是造成“第三者事故”发生的原因，所以应对此特别加以注意。

为此，当在屋顶上安装机器设备等时，安装位置是否朝道路一侧偏离即成为其着眼点。第二，即使未造成“第三者事故”，但机器设备坠落后破损的设备散落一地将道路或通道堵塞，恐怕也会成为“紧急疏散”的障碍。第三，对是否会发生设备功能故障进行检查。具体地说就是应对设备机身的抗震性（1.5G 型或 2.0G 型等）与该机器设备的设置安装状态（设备基础的形状及与基础的固定状态）进行检查。

基于这一观点，首先应将注意力放在空调换气设备中自重大的冷热源设备（冷冻机、冷却塔、锅炉等）的设置部位方面。一般这些笨重设备大多都安装在地下层或低层的楼层处，但偶尔也有将其安装在屋顶层或中间层的。在高层的建筑物中，楼层越高地震引起建筑物的晃动就越厉害，所以若将笨重的机器设备安装在屋顶层时，机器就会加大晃动，而且容易发生倾倒或移动。所以至关重要的一点就是应当通过目测的方法对设置在屋顶的笨重机器的安装状态，即机器的基础或机器锚固螺栓的状态、防滑或防止倾倒装置的设置状态（图 6.1）等进行检查。

另外，公寓等的房间空调器的室外机大多都被安装在游廊或阳台的一角。房间空调器的安装方式有直接置于地面的落地式和悬挂在墙上的壁挂式两种。为防止地震时因室外机掉下而引起第三者事故等危险的发生，应通过目视对室外机的支撑固定状况进行检查。另外在制定抗震设计的计划时，应尽量避免将笨重的机器安装在屋顶，而是安装在低层的楼层上，这一点是极为重要的。

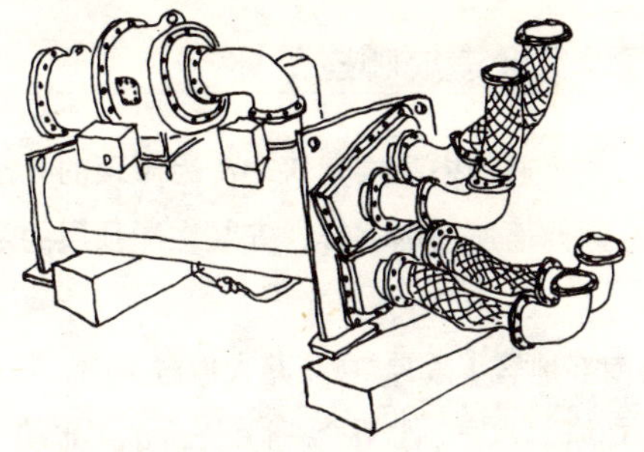

（a）冷冻机若不与基础固定或未采取防止移动的措施，冷冻机便会从基础上掉落

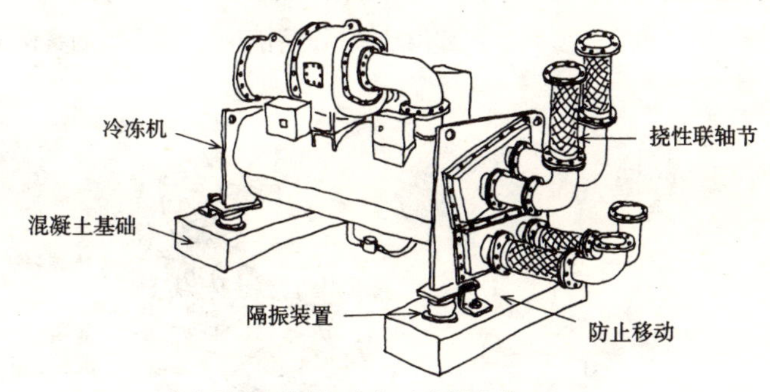

（b）可防止冷冻机移动、倾倒的安装

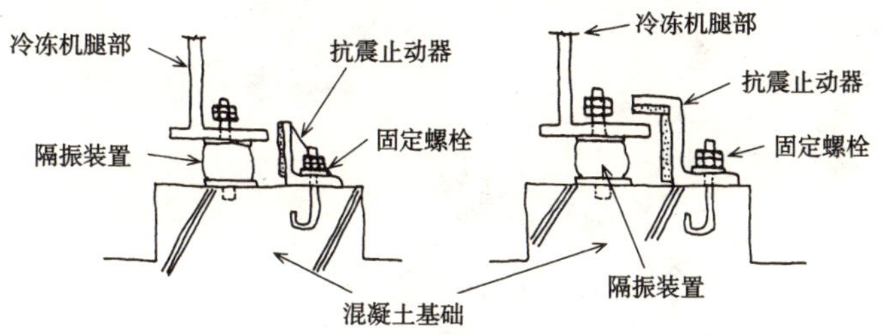

（c）防滑、防倾倒的方法

图 6.1　冷冻机的移动、倾倒事故与可防滑、防倾倒的安装示例

地震对空调换气设备会造成哪些破坏？

Answer 在普通的中高层建筑中，因屋顶的晃动要比低层厉害，所以便会像前面所述的那样，安装在屋顶层的笨重机器容易发生移动或倾倒。

在日本兵库县南部地震（阪神 · 淡路大地震）中，除屋顶上供空调用的笨重设备（冷冻机、冷却塔、水泵、膨胀箱等）及给水用水箱受到破坏外，中间层的空调机以及低层的空调设备也遭到了损坏（图 6.2）。另外经常可以看到即使在“切削螺纹配管”中，也有很多因接头部位的破损而引起的功能故障的案例（图 6.3）。

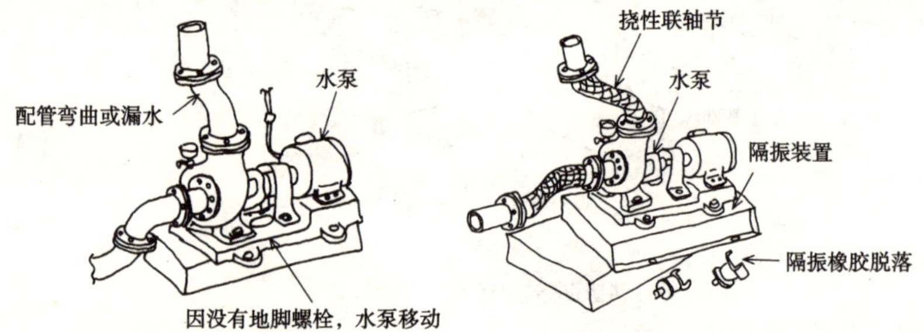

（a）固定式水泵的受损示例　　（b）带有隔振装置的水泵受损示例

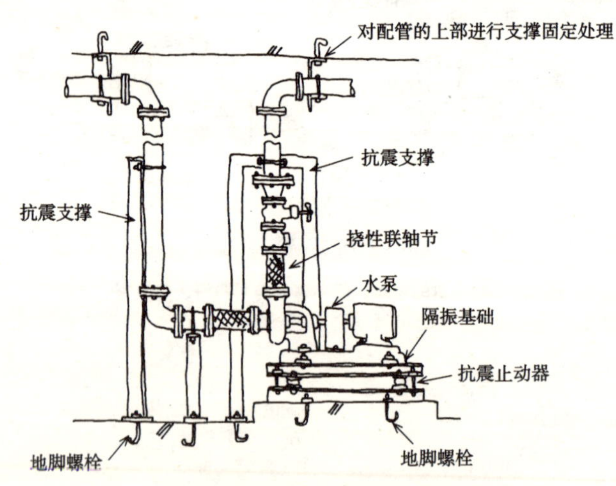

（c）采取抗震措施的安装示例

图 6.2　水泵受损示例与采取抗震措施的安装示例

可以说这是由于机器设备未能与建筑结构主体牢固地固定在一起，或因锚固螺栓的强度不够及设备基础的强度不够造成的。管道及配管等在地震的作用下其本身可能会出现破损，或如前所述的配管的接头部位出现破损，因连接的空调设备发生移动而出现破损，也有其附近的建筑构件损坏的情况出现。

有报告表明，从许多受损案例中可以看到其发生的原因就在于支撑铁件的强度或刚度不足或固定方法不当，机器设备与配管、管道进行连接时未能有效地利用“位移吸收挠性管接头”等造成的。贯穿建筑物“伸缩缝部位”的配管不能吸收在地震作用下建筑物间的异常晃动而发生断裂、变形，或因建筑物的给水、排水管及燃气管接入部位（引入部位）不能随地基的蠕动而动产生破损。另外，位移吸收挠性管接头中包括波形挠性金属管接头、“球窝管接头”、“凹槽形管接头（housing 型管接头）”等。

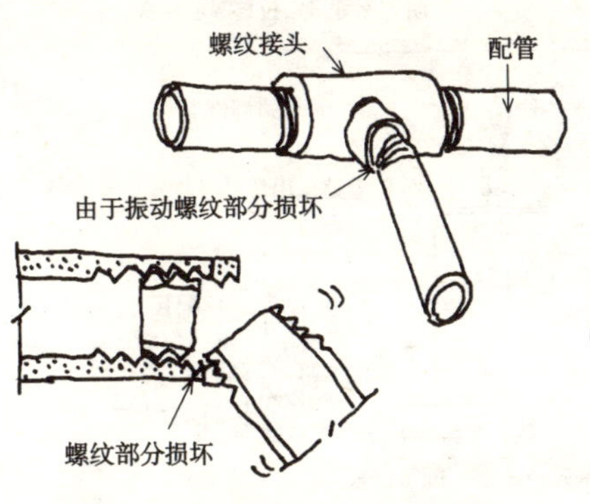

图 6.3　切削螺纹配管的接头部位破损

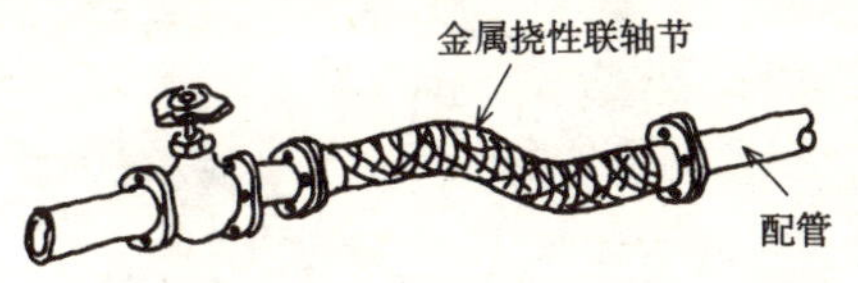

注：英文“flexibility”相当于日文汉字的“可挠性”，其意如文字所示为“挠性”之意，表示刚度较小、可自由弯曲。

图 6.4　位移吸收挠性管接头

【名词解释】　位移吸收挠性管接头

在地震发生时因建筑物相互的振动性状不同，贯穿建筑物伸缩缝部位及建筑物管线接入部位（管线进线部位）等的配管就会出现的强制变形。

位移吸收挠性管接头就是为能吸收这类强制变形而设置的。另外，位移吸收挠性管接头中包括波形挠性金属管接头、“球窝管接头”、“凹槽形管接头（housing 型管接头）”等。

“配管抗震措施”中都包括哪些基本的内容？

Answer 下面对“配管的抗震措施”做一个说明。

(1) 配管本身的振动过大

配管的振动是由配管的质量与配管的刚度决定的。如果这种固有频率的数值小，地震时就有可能加大晃动。所以，应按合理的支撑间距设置抗震支撑构件，以保证在配管管体的允许应力及允许变形以内。

(2) 配管与机器设备产生相对位移

配管与机器设备的相对位移可以抑制设备一侧的过大晃动，所以应采取抗震止动器等措施。另外,可以在配管与机器设备的结合部位设置位移吸收挠性管接头，以能尽量吸收配管与机器设备的相对位移（图 6.5）。

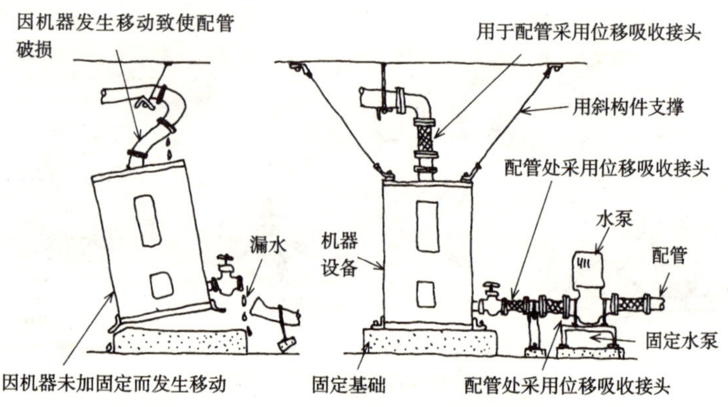

图 6.5 配管与机器设备的相对位移吸收的连接法

(3) 建筑物的层间位移（立管）

层间位移角为 R，当采用钢结构（S 结构）时应考虑为 1/100；采用钢筋混凝土结构（RC 结构）时则应考虑为 1/200。图 6.6 表示对立管抗震的支撑方法，供参考之用。

(4) 建筑物的层间位移（横接管、建筑物伸缩缝的贯穿部位）

当“横接管”贯穿建筑物的伸缩缝部位时，应像图 6.7 中所示的那样，采用与 X 轴与 Y 轴（重要用途的建筑物则为 X 轴、Y 轴、Z 轴）相适应的措施。当建筑物的地上高度为 h、其层间位移角为 R 时，相对变形量（δ）则用 $\delta=2Rh$ 表示。配管中应采用位移吸收挠性管接头等。

除此之外，还有采用球窝管接头（燃气管）和挠性电线管的。

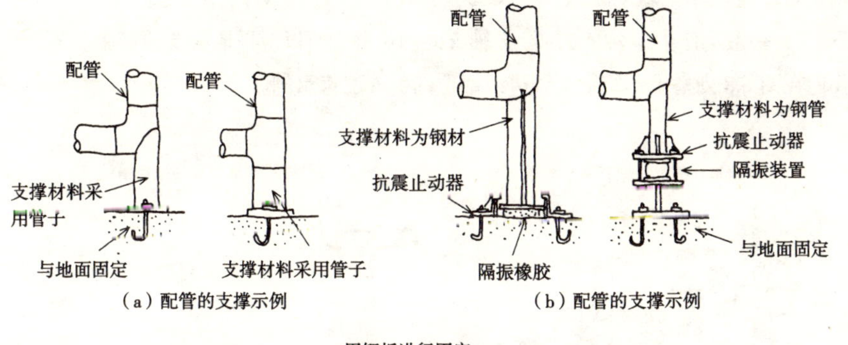

（a）配管的支撑示例　　（b）配管的支撑示例

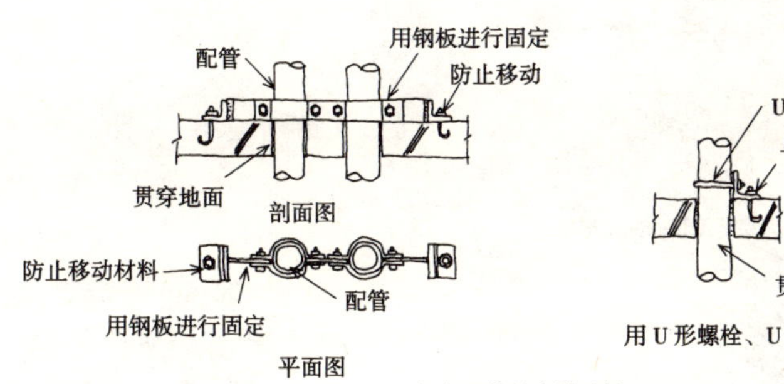

用 U 形螺栓、U 形带进行的抗震支撑

（c）配管的支撑示例

图 6.6　立管的抗震支撑方法

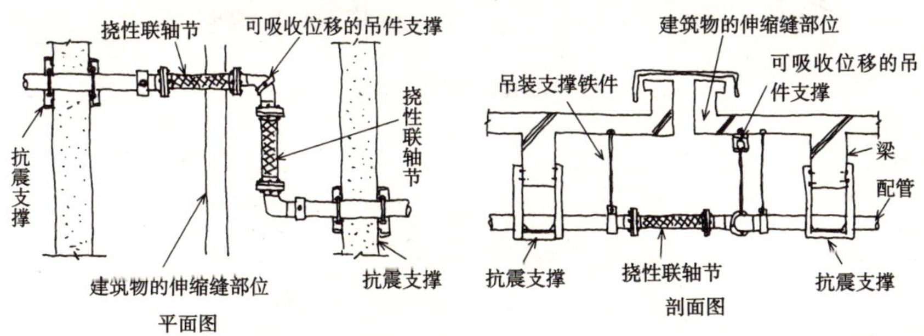

图 6.7　对建筑物伸缩缝部位配管进行施工

（5）由周边地基引起的建筑物管线进线部位的相对位移

这类配管包括给排水卫生设备的给水引入管、燃气引入管、排水管等，在空调设备中仅限于区域空调系统（DHC）引入管等的配管。因存在地基等的“相对下沉”，一般会产生 X 轴、Y 轴、Z 轴方向的位移，所以应采取必要的措施。另外，我们在图 6.8 列举了建筑物管线进线部位的引入配管示例。

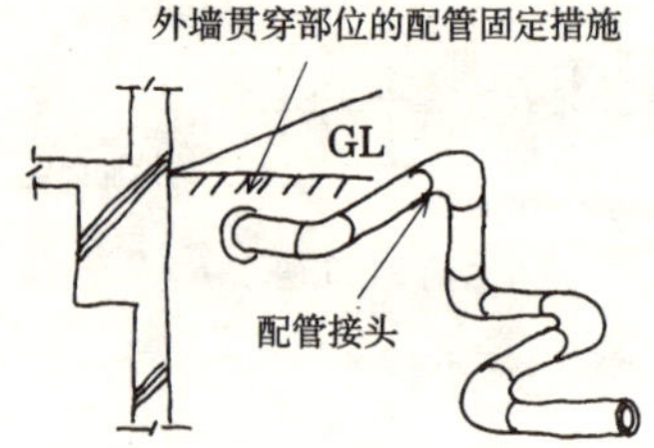

（a）利用焊接或螺纹配管进行挠性连接时

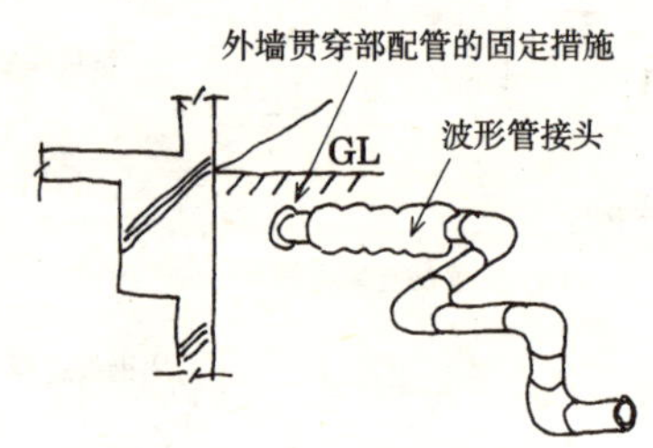

（b）采用波形管接头时

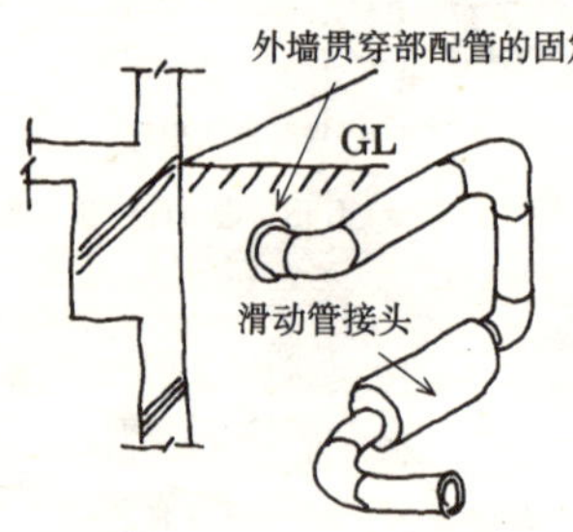

（c）采用滑动管接头时

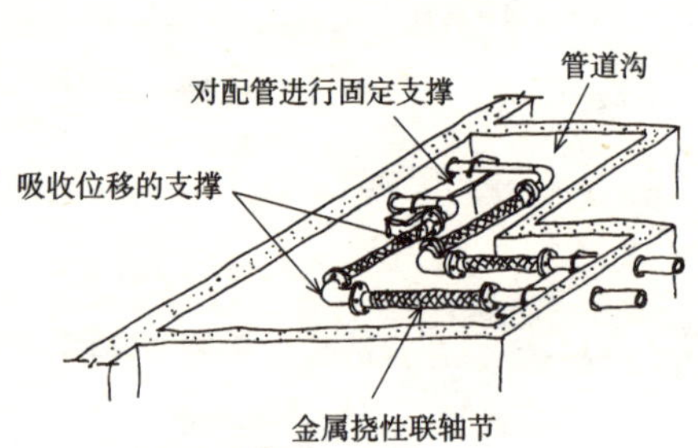

（d）是用 2 根金属挠性联轴节时

图 6.8　建筑物管线进线部位的引入配管示例

为什么说滚轧螺纹连接配管的抗震性非常强？

Answer 螺纹接合配管主要用于空调设备及给排水设备中配管用碳钢钢管（JIS G 3452 ： SGP）的小口径配管（50A 以下）的接合法。

也就是说，配管采用钢管（SGP）的接合法（连接方法）包括：①螺纹接合法、②焊接接合法、③凸缘接合法、④机械接合法、⑤挠性接头接合法等各种接合方法（图 6.9）。

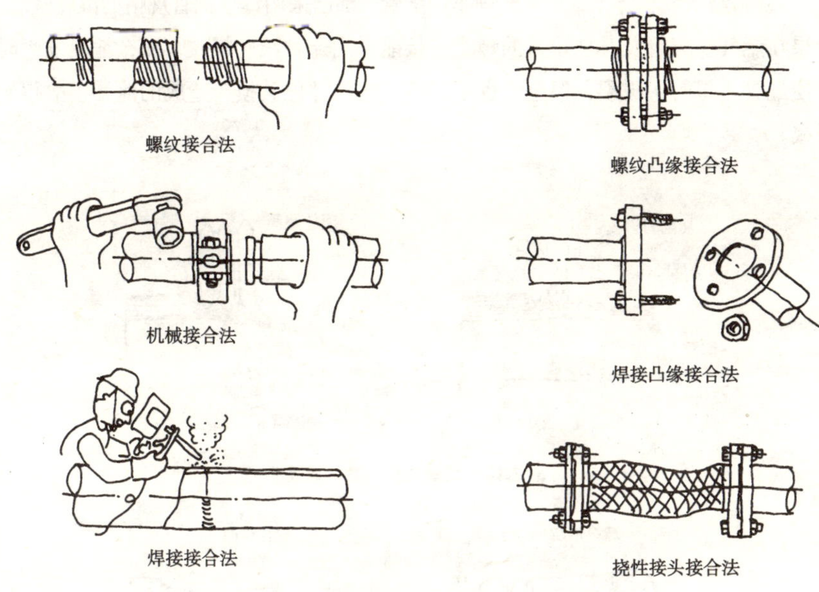

图 6.9 配管用碳钢钢管（SGP）的接合方法

其中最常用的配管接合法就是①“螺纹接合法”，这种接合方法在空调设备工程中通常采用 50A 以下的“小口径管”，65A 以上的“中口径管”及“大口径管”有时被用于②“焊接接合法”。

在此之前，①“螺纹接合法”所采用的螺钉几乎都是“切削螺纹（cutting thread）配管”，最近日本独立开发的“滚轧螺纹（rolling thread）配管”逐渐取代了切削螺纹。以前所用的切削螺纹是被称为配管用锥形螺纹（JIS B 0203）的螺钉，正如文字字意所示的那样对钢管进行切削，加工成具有特定界面凸出部分（牙形）的螺纹线形。其结果就是越接近配管的端部管壁就越薄，一旦接头部位出现图 6.3 所示的断裂或腐蚀后就很容易成为“渗漏的原因”。

另一方面，最近建筑设备界兴起的“螺纹的新浪潮”就是滚轧螺纹。这种螺纹是以很强的力将旋转的坚硬“滚轧滚筒”滚压在配管上，使螺纹牙凸起加工而成（图6.10）。配管的端部内径只是稍稍变窄，几乎不会出现影响水流通过等问题。滚轧螺纹部分的“接头效率（接头强度）”超过了母管的强度（母材强度）（图6.11），所以配管的接头部位不会受地震等影响而出现破损。而且与切削螺纹的加工相比，具有没有切削粉、不用使用切削油、几乎不用进行防锈处理、有利于地球环境的维护等许多长处。

目前,新干线车体下部的“气刹车用配管”都已采用薄型钢管规格的滚轧螺纹。如果在燃气供气管及其他设备的螺纹连接能采用这种滚轧螺纹，那么地震发生时即使配管（母管）破裂，但至少也可以使“接头部位破损”造成的泄漏事故得到锐减。

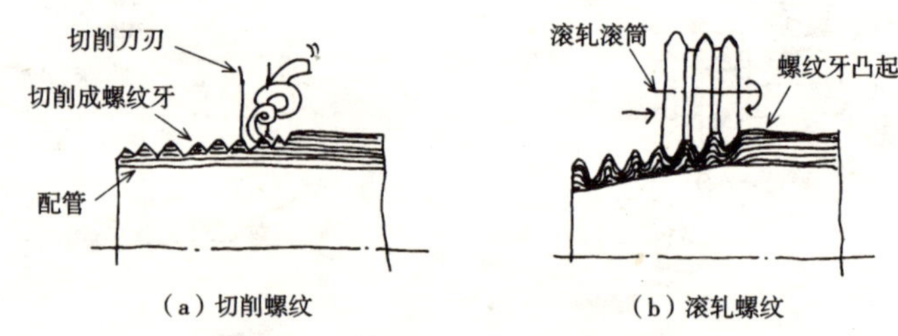

（a）切削螺纹　　（b）滚轧螺纹

图6.10　切削螺纹与滚轧螺纹

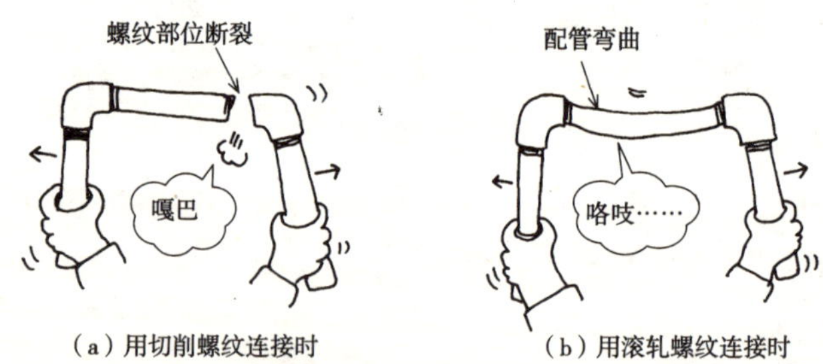

（a）用切削螺纹连接时　　（b）用滚轧螺纹连接时

图6.11　对接头效率（接头强度）进行比较

应对设置在屋顶层的冷却塔采取哪些抗震措施?

Answer

关于冷却塔的抗震对策，有以下 3 点。

(1) 冷却塔塔体的抗震强度

首先，应采用冷却塔塔体为“1.5G 对应型（抗震强度等级 A 级）”及“1.2G 对应型（抗震强度等级 B 级）”的冷却塔。特别是因未对冷却塔内的填充材料采取如何防止其移动的相关措施，曾发生过填充材料从冷却塔甩落下来的事故（图 6.12）。因此，应安装可防止填充材料移动的挡板。

所谓冷却塔的填充材料，是指为使冷却塔内水与空气的接触面积增加、“气液接触”保持良好、可使冷却水更有效地冷却而置于冷却塔内的“衬料”。填充材料也被称为填塞物、填充物（filling）、填料（packing）。

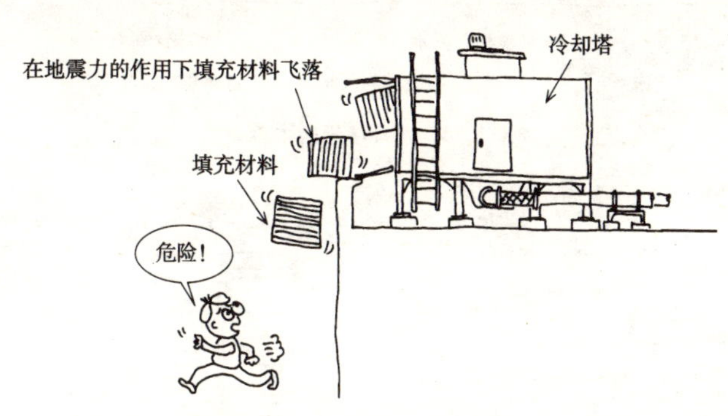

图 6.12　冷却塔破损造成的填充材料飞落

(2) 冷却塔的安装施工

其次，为防止冷却塔发生倾倒或移动事故，应将冷却塔牢牢固定在坚固的混凝土基础上。图 6.13 中的混凝土基础为直接置于地面的“地上基础”，而且因基础倾斜，所以基础柱就像被推倒的“多米诺骨牌”一样倾倒，结果造成冷却塔塔体移动，螺栓折断事故的发生。

(3) 对连接冷却塔的冷却水配管进行施工

最后，在对连接冷却塔的冷却水配管进行施工时应特别加以注意（图 6.14）。有案例表明，因冷却水配管的托架基础采用的是单纯的“独立基础”，所以在配管连接部位就出现了破损。防止该事故发生的措施有以下几项：

① 配管基座的基础形状应为可承载作用于冷却水配管的水平荷载的形状。

② 为防止冷却水配管的荷载直接施加在冷却塔水槽上，应对冷却水配管进行支撑。

③ 冷却水配管的连接部位应采用位移吸收挠性管接头。

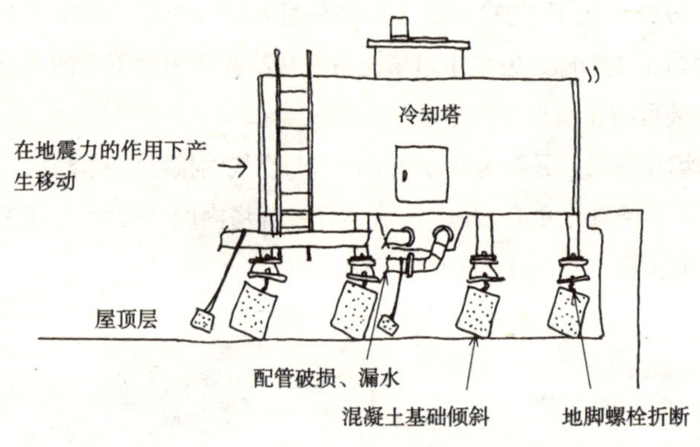

图 6.13 冷却塔破损示例

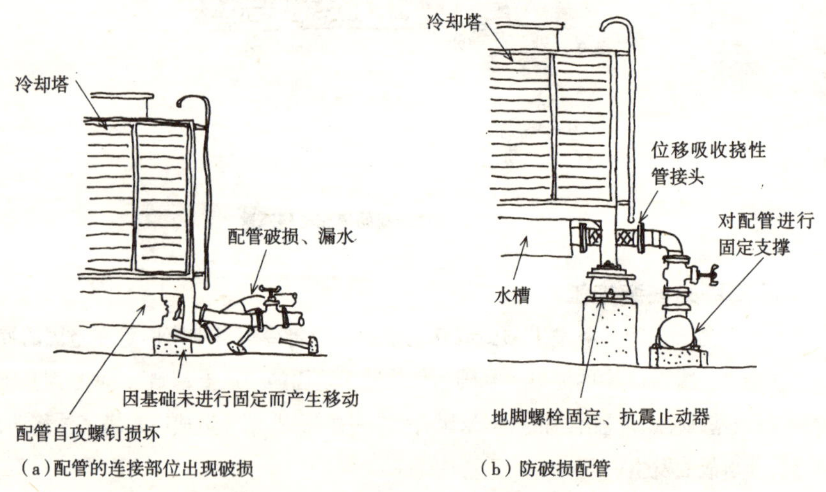

图 6.14 冷却塔冷却水配管的连接部位出现破损与防破损配管的示例

热泵型空调机组的“室外机”都应采取哪些抗震措施?

Answer 热泵机组室外机的安装大致可分为两种。

(1)安装在屋顶层的“热泵机组室外机”所采取的抗震措施

在中小规模至大规模的办公楼所采用的“热泵机组系统”中，其室外机几乎均安装在屋顶层。

因一台室外机采用一个独立基础的安装不利于防震，所以施工时大多都是按一字排开的形式进行安装的(图6.15)。这种安装不是将室外机直接摆放在混凝土基础上，而是将“钢基础(槽钢基础)”搭设在架于屋顶层上的“棒状的混凝土基础基座”上，并与混凝土基础进行固定的。这无论在抗震方面还是室外机周围的通风方面(也就是运转效率上),都十分理想。另外在日本兵库县南部地震(阪神·淡路大地震)中，因室内吊顶式室内机的吊装螺栓(中心架)性能差，大部分的室内机都发生坠落事故。

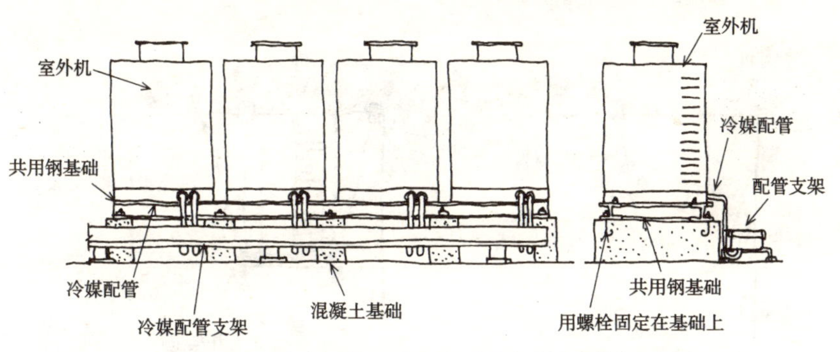

图6.15 对安装在屋顶层的室外机进行抗震处理的施工示例

(2)安装在阳台、游廊一角的“房间空调器(分体式空调机)的室外机”所采取的抗震措施

安装在公寓阳台、游廊一角的分体式空调机的室外机一般多“直接置于地面”和“悬挂在墙上”。当置于地面时，一般的做法都是不对室外机进行任何支撑固定处理，而是将其直接放在地上。这时，至少也应将其置于“枕木式混凝土基础”上，并进行支撑固定处理。另外还应像图6.16中所示的那样，将“枕木式混凝土基础”与地面牢牢固定在一起。

另外当采用“壁挂式的安装方式”时，我们经常看到的做法都是将室外机安装在用吊装条钢悬挂在墙上并装以角钢或轻型钢的横撑上。

但是正如图 6.17 中所示，应用螺栓将室外机牢固地固定在钢制托架上，并采取中心架措施。

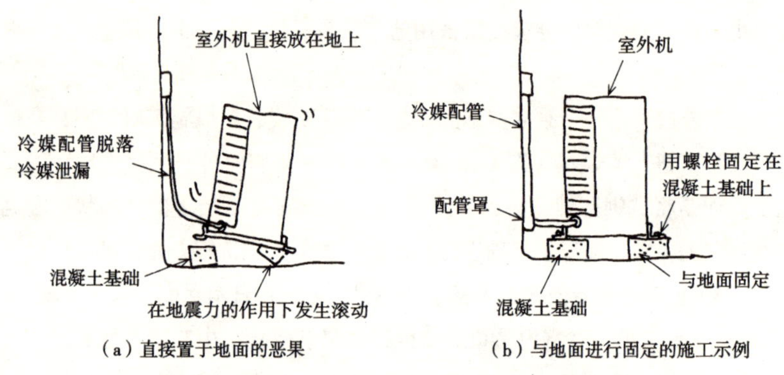

（a）直接置于地面的恶果　（b）与地面进行固定的施工示例

图 6.16　将室外机置于地面时的施工示例

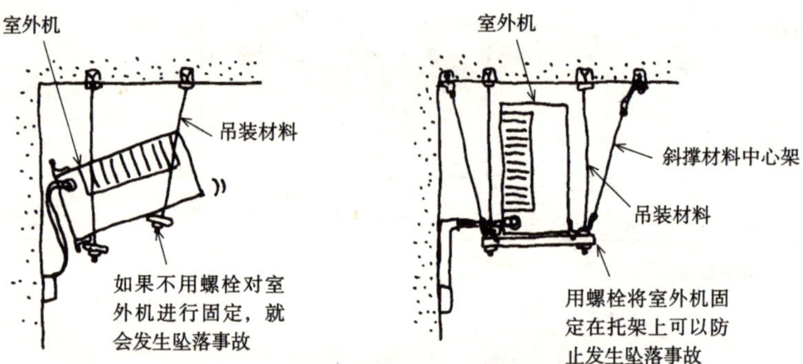

图 6.17　壁挂式室外机损坏示例与对其地震支撑处理的施工示例

怎样才能防止“送风机”倾倒、坠落和“顶棚送风口”坠落？

Answer 地震发生时如果吊顶式送风机及顶棚送风口坠落就会危及人的生命安全，所以采取防止坠落的措施是必不可少的一环。

（1）防止送风机倾倒、坠落的措施

通常情况下，型号 3# 以上的多叶片风机（Sirocco fan）几乎都是用锚固螺栓与“隔振装置、隔振基座”一起牢牢固定在楼板的混凝土基础上（图 6.18）。型号 2# 以下的多叶片风机等因设置空间的关系，多被安装在吊顶处。

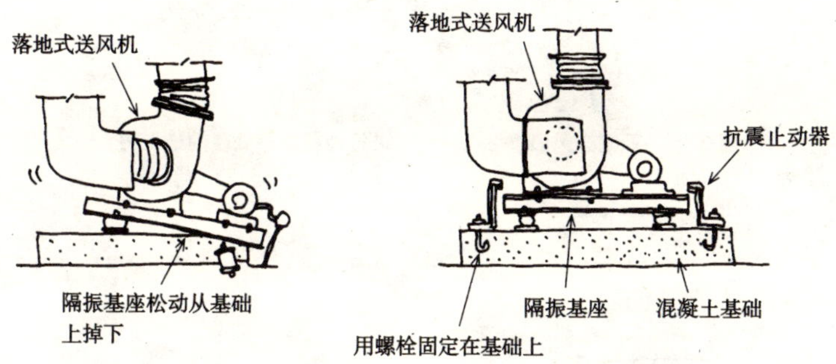

图 6.18　置于地面的送风机损坏示例与对其进行地震支撑处理的施工示例

因原则上型号 3# 以上的多叶片风机不能安装在吊顶处，所以也有将其安装在通道中间等处的。这在地震发生时一旦出现坠落就可能会有直接危及“人身安全事故”的发生。

因此应注意防止送风机支撑构件从上面的支撑混凝土基础坠落，同时还应安装送风机用的“中心架支撑”，并用结实耐用的“吊装支撑铁件”固定（图 6.19）。

（2）防止顶棚送风口掉落措施

设置在顶棚的空气送风口多为顶棚散流器（ceiling diffuser；通称空气送风口），与从风道称为“消声箱”及“叶片板”的箱中取出的“圆筒”连接。地震发生时整个送风口或送风口内的锥形罩脱落掉下，就有可能发生“人身事故”，所以型号 40# 以上的顶棚散流器应按图 6.20 中所示进行“防止坠落”的加固处理。

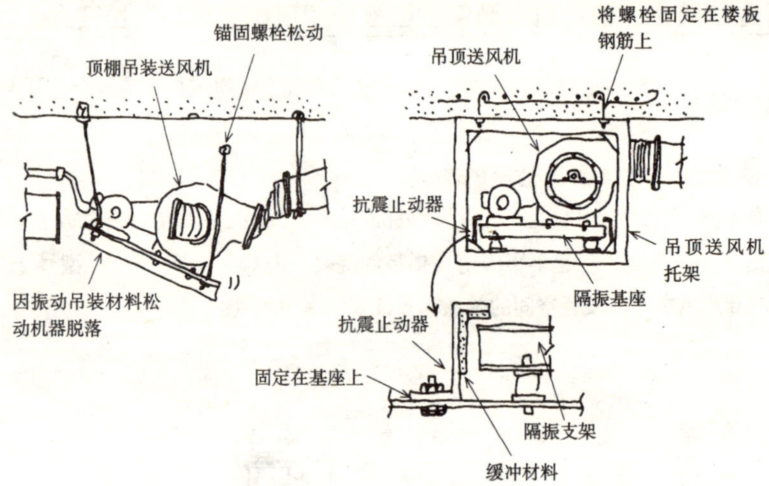

图 6.19　顶棚送风口损坏例与对其进行地震支撑处理的施工例

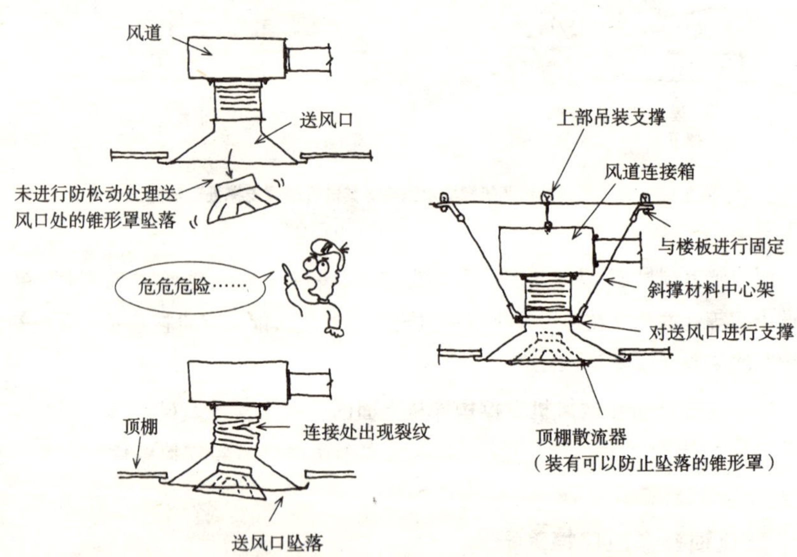

图 6.20　顶棚散流器坠落例与对其进行地震支撑处理的施工例

在对配管进行抗震支撑时都有哪些注意事项？

Answer 在对配管进行抗震支撑时，应对下述各项加以注意：

① 抗震对策的配管支撑应通过中心架及支撑铁件使其达到一定的强度，并将其进行牢固的安装。

② 为能抑制地震时轴向的过大位移，应按图 6.21 中所示对横接管配管等进行抗震支撑处理。

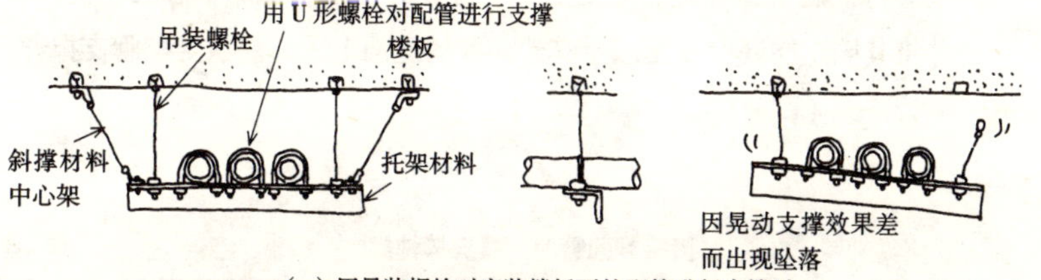

（a）用吊装螺栓对安装楼板下的配管进行支撑时

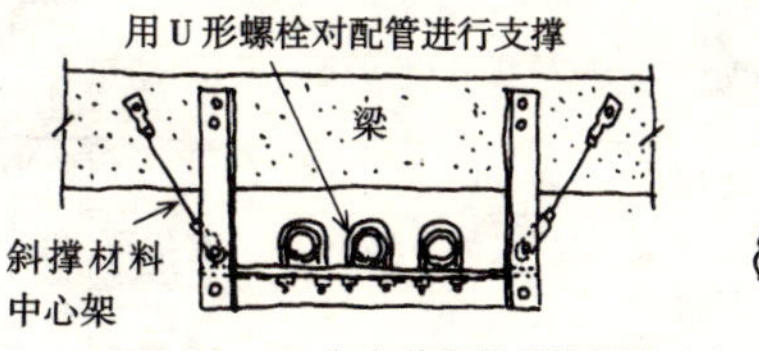

（b）将配管吊装在梁下时

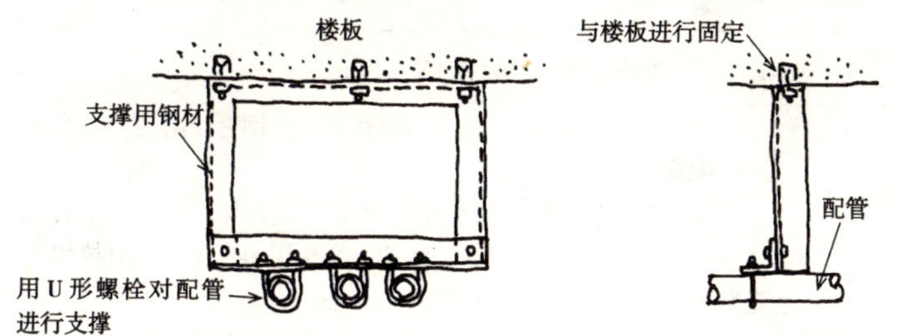

（c）用角钢对安装在楼板下的配管进行支撑时

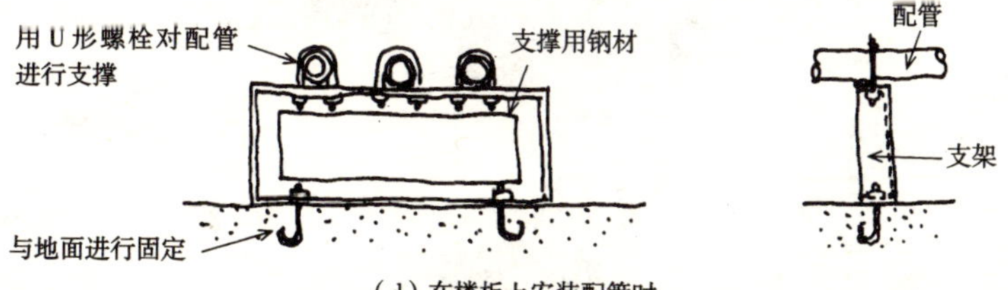

（d）在楼板上安装配管时

图 6.21 对横接管配管进行抗震支撑处理的施工示例

③ 横接管配管的抗震支撑应以表 6.1 为准。

注：表 6.1 是空调调节 · 卫生工学会发布的《空调调节 · 卫生设备工程标准规格书（SHASE–S-2000）》中的抗震工程：配管的支撑项目。

该表的特点是，将设置场所分为①顶层、屋顶、屋顶间，②中间层，③地下层、一层，并按设置间距，抗震强度等级 S 级相对应，抗震强度等级 A、B 级相对应进行了分类。

④ 为能抑制地震时轴向的过大变形以及能与建筑物的层间位移随动，应对立管进行抗震支撑处理。原则上每层应安装一个以上的中心架（抗震支撑）并将其固定在底层地面以及其他必要的地面上，并能承受配管支撑兼用的配管荷载（图 6.6）。

横接管配管的抗震支撑种类 **表 6.1**

<table>
<tr><th rowspan="2">设置场所</th><th colspan="3">配管</th></tr>
<tr><th>设置间距</th><th>与抗震强度等级 S 级相对应</th><th>与抗震强度等级 A、B 级相对应</th></tr>
<tr><td>顶层、屋顶、屋顶间</td><td rowspan="3">配管标准支撑间距的 3 倍以内（但是当采用钢管时为 4 倍以内）设置 1 处</td><td>均为 SA 类</td><td>均为 A 类</td></tr>
<tr><td>中间层</td><td>50m 以内 1 处为 SA，其他可为 A 类</td><td>50m 以内 1 处为 A，其他可为 B 类</td></tr>
<tr><td>地下层、一层</td><td colspan="2">也可均为 B 类</td></tr>
<tr><td colspan="4">当为以下任意一种情况时，不在上述条件之列</td></tr>
<tr><td></td><td colspan="3">（1）为公称直径 50 以下的配管。当为钢管时则为公称直径 20 以下的配管
（2）为吊装材料长度平均 30cm 以下的配管</td></tr>
</table>

注：AS 类，A 类：地震时作用于支撑材料的拉伸力、抗压力、弯矩相对应的构件构成的。

B 类：在地震力的作用下，作用于支撑材料的抗压力与自重产生的拉伸力相抵，吊装材料、中心架斜撑材料是由拉伸材料（钢筋、扁钢）构成的。

在对风道进行抗震支撑时都有哪些注意事项?

Answer 在对风道进行抗震支撑时，应对下述各项加以注意：

① 为能抑制地震时轴向的过大位移，应按图 6.22 中所示对横接管风道等进行抗震支撑处理。

② 为防止地震时建筑物晃动造成的滑动、坠落、破损等，应用支撑铁件牢固地安装在梁、墙壁、地面等结构主体上。

③ 抗震对策的风道支撑应以图 6.22 为准，通过中心架、支撑铁件使其达到一定的强度并将其牢固安装。

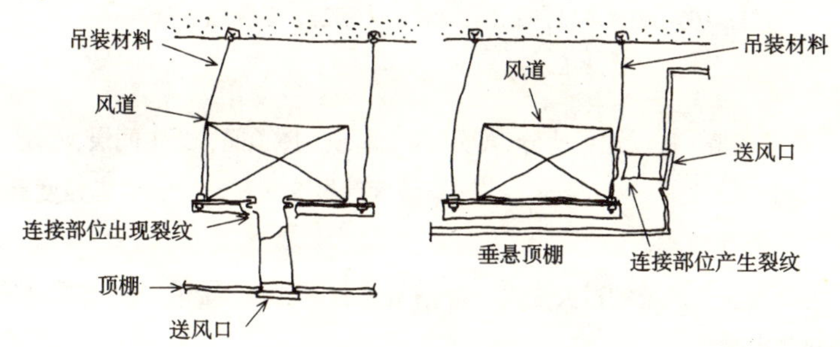

（a）因横接管风道发生移动造成的损坏

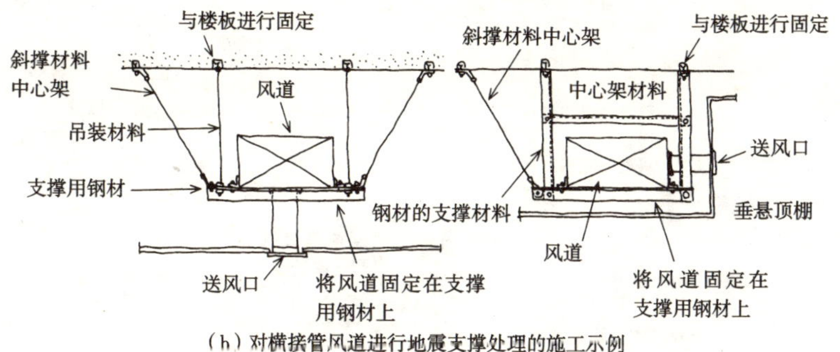

（b）对横接管风道进行地震支撑处理的施工示例

图 6.22　横接管风道损坏示例与对其进行地震支撑处理的施工示例

④ 横接管配管的抗震支撑应以表 6.2 为准。

注：表 6.2 是空调调节 · 卫生工学会发布的《空调调节 · 卫生设备工程标准规格书（SHASE-S-2000）》中的抗震工程：风道的支撑项。

横接管风道的抗震支撑种类　　表 6.2

<table>
<tr><td rowspan="2">设置场所</td><td colspan="2">配管</td></tr>
<tr><td>与抗震强度等级 S 级相对应</td><td>与抗震强度等级 A、B 级相对应</td></tr>
<tr><td>顶层、屋顶、屋顶间</td><td>风道的支撑间距按每隔 12m 一处、SA 类或 A 类设置</td><td>风道的支撑间距按每隔 12m 一处、A 类或 B 类设置</td></tr>
<tr><td>中间层</td><td rowspan="2">风道的支撑间距按每隔 12m 一处、A 类设置</td><td rowspan="2">以通常的施工方法为准</td></tr>
<tr><td>地下层、一层</td></tr>
<tr><td colspan="3">当为以下任意一种情况时，不在上述条件之列</td></tr>
<tr><td></td><td colspan="2">（1）为周长 1.0m 以下的风道
（2）为吊装材料长度平均 30cm 以下的配管</td></tr>
</table>

注：AS 类，A 类：地震时作用于支撑材料的拉伸力抗压力、弯矩相对应的构件构成的。

B 类：在地震力的作用下，作用于支撑材料的抗压力与自重产生的拉伸力相抵，吊装材料、中心架斜撑材料是由拉伸材料（钢筋、扁钢）构成的。

该表的特点是，将设置场所分为①顶层、屋顶、屋顶间，②中间层，③地下层、一层，并与上述的配管一项相同，按抗震强度等级 S 级相对应，抗震强度等级 A、B 级相对应进行了分类。

⑤ 为抑制立式风道的过大变形，应按图 6.23 所示每层都应做可支撑立式风道自重的处理。

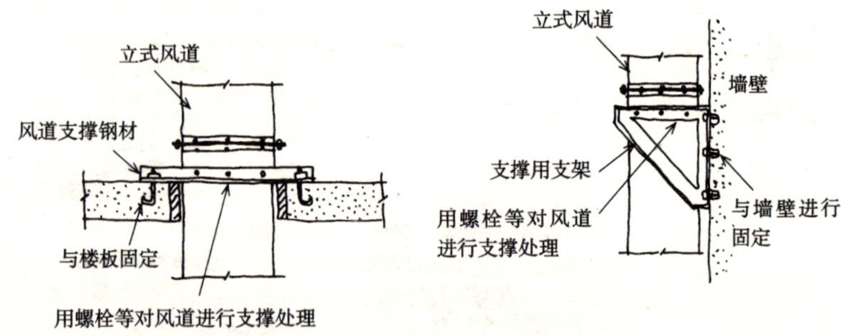

图 6.23　对立式风道进行抗震支撑处理的施工示例

在对空调设备等进行安装时，在抗震方面都应注意哪些内容？

Answer 在安装空调设备时，应当按照《空调调节 · 卫生设备工程标准规格书（SHASE-S 010-2000）》中的规定，在抗震方面对下述各项加以注意：

① 机器设备的安装应以《建筑设备抗震设计 · 施工指导方针》为准。

② 为防止机器设备在地震时因建筑物晃动而出现倾倒、滑动或脱落，应通过设置在楼板或梁处的锚固螺栓将其牢牢固定。这时选择的固定螺栓等的强度应为地震力可均匀作用的螺栓。

③ 作用于机器设备的水平地震荷载可由所有锚固螺栓的剪切力承担，而且对于设备安装铁件与混凝土基础间的摩擦阻力则可忽略不计。

④ 对于离心式冷冻机、成套空调机组、泵等可能产生振动的机器设备，应尽可能地向通过“隔振装置”与基础安装在一起的机器设备靠近（注意在运转时不要与机器设备相碰），并应设有通过锚固螺栓等将设备与基础或建筑结构体加以固定的“抗震垫块”。另外，挠性大的钢板弹簧等防振材料所用的防振垫块应为“防止移动、倾倒型”。

⑤ 当需将送风机等设备吊装在顶棚时，应用铁件、横撑等进行加固，使其达到一定的强度后再加以固定。

⑥ 对于纵横比大的立式设备以及结构上不坚固的成套空调机组等，除需将其脚部进行固定外，还应用两处以上的顶部支撑材料将其与背面的墙壁及顶棚的结构体等牢牢固定在一起，以防倾倒、损伤等事故的发生（图 6.24）。

⑦ 对于给排水卫生设备中“热水器”等需要使用明火的机器设备，原则上不得设有“热水器基座”（图 6.25）。当不得不设置热水器基座时，应将机器与热水器基座或墙壁等进行固定，而且热水器基座也应与地板或墙壁固定在一起。另外，还应根据需要用斜撑等对热水器基座本身进行加固处理。

⑧ 当对 100kg 以下自重较轻的机器设备进行安装时，应以《建筑设备抗震设计 · 施工指导方针》为准，同时当制造商对设备有抗震方面的要求时，应按其指定的方法进行固定、支撑。

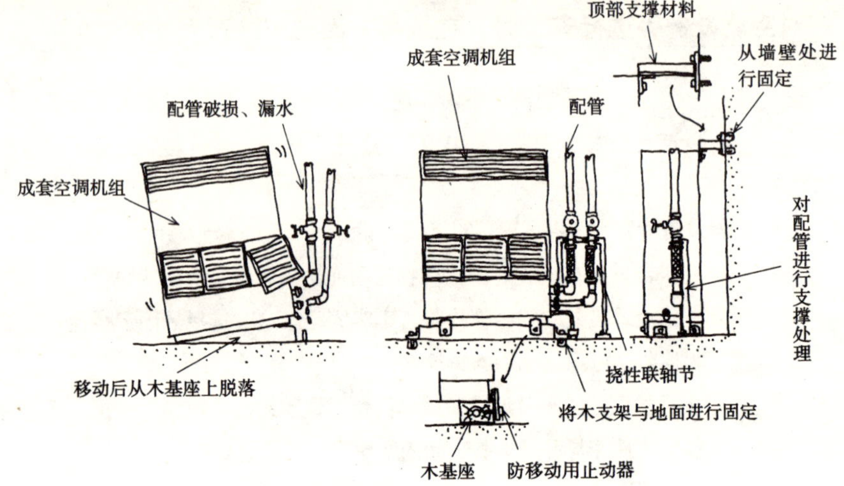

图 6.24　成套空调机组倾倒与防震设置

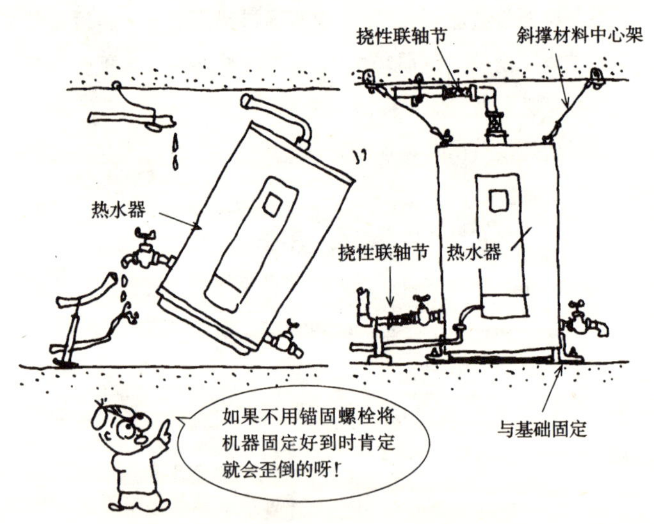

图 6.25　热水器倾倒与防震的设置

第 *7* 章

关于给排水卫生设备的 Q&A

对给排水卫生设备进行"抗震诊断"的着眼点都包括哪些内容？

Answer 关于给排水卫生设备的"抗震诊断"，应对地震发生时与发生后给排水卫生设备所要求的抗震性能是否可以得到保证进行调查，并从综合的观点出发做出为掌握抗震性能而进行的抗震诊断。

(1) 对建筑物概要进行调查

在对给排水卫生设备进行"抗震诊断"时，应对如何才能使给排水卫生设备达到建筑物主体结构及非结构构件的抗震性能加以考虑，并通过图纸等对下述各项进行调查后再进行现场诊断。

① 确认申请的日期是否在 1982 年 3 月之前。

② 建筑物的规模、层高、形状，以及地理位置，地基是硬质地基、普通地基还是软弱地基?

③ 建筑物结构体是 RC 结构、S 结构、SR 结构中的哪一种结构?

④ 是普通建筑物、隔震结构建筑物还是减震结构的建筑物?

⑤ 是否进行过改造、修补、改善，改变用途及抗震加固修复等?

⑥ 是否发生过地震、火灾等重大灾害？是否曾在恶劣的环境下使用过?

(2) 设定抗震强度等级

在抗震诊断中有各个抗震强度等级（S、A、B）的适用标准，除需采取确保地震发生时给排水卫生设备的抗震性能，对机器设备及配管进行支撑、固定，以及增加基础部分的抗震强度等各种措施外，还应对保证作为规范之一的"抗震性能"这一功能加以设定。

在划定各抗震强度等级（S、A、B）的适用范围时，原则上应由重要建筑物的开发商及设计者进行判断、设定。《建筑基本法实施令》的标准就是抗震强度等级 B 级。另外，带有"隔振装置"（参见"名词解释"）的机器设备不适合于抗震强度等级 B 级，提高一个等级则适合于抗震强度等级 A 或抗震强度等级 S。

(3) 以确保功能为对象的抗震安全等级

在对给排水卫生设备进行抗震诊断时，确保给水、排水等的功能是保证震后生活所必不可少的。主要是设定自立性能的目标就是要确保给水，而且关于表示确保功能的抗震安全等级也是通过与建筑物所有者协商后才能设定并进行功能抗震诊断。

【名词解释】 **隔振装置**

大部分的建筑设备机器都是像送风机、水泵、冷冻机、冷却塔、空调机、备用发电机等在运转产生振动、噪声的机器。为防止振动、噪声被传递到建筑物主体而采用的绝缘装置就是“隔振装置”。一般隔振装置多采用“隔振橡胶垫”、“隔振弹性钢板”、“隔振缓冲垫”。其中的“隔振橡胶垫”因结构简单,“隔振绝缘性”好，共振时也可得到“振动衰减”而被广泛使用。

一般在设定抗震安全等级（S、A、B 级）时，普通的集合住宅为抗震安全等级 B、超高层集合住宅为抗震安全等级 A 级、办公楼为抗震安全等级 B 级或抗震安全等级 A 级。

（4）对给排水卫生设备的诊断

在对给排水卫生设备进行“抗震诊断”时，应通过建筑物确认申请（参见“名词解释”）图纸资料、竣工图（改造工程时的修改图纸等）掌握建筑概要，并按机器设备、部位进行诊断。另外在诊断后还应从：①人的生命安全；②紧急疏散路线是否存在问题；③在防灾方面是否有障碍；④生命线工程的恢复是否有障碍等观点出发进行抗震诊断，以期在给排水卫生设备的抗震安全方面确保设备功能完善。

需要进行抗震诊断的给排水卫生设备的具体项目如下：

① 机器设备（水槽类、水泵、热水器、锅炉、基座等）、混凝土基础、锚固螺栓的抗震性能。

② 配管类（主要配管）、支撑固定构件的抗震性能。

③ 机器与配管连接部位的抗震性能。

④ 建筑物伸缩缝部位配管的抗震性能。

⑤ 建筑物管线进线部位、埋设部位的抗震性能。

【名词解释】 **建筑物确认申请**

“建筑物确认”是指建筑开发商在开工之前便对包括建筑物的建筑用地、建筑结构及建筑设备等内容在内的建筑计划是否适合于《建筑基本法》等加以确认的行为。为此而提交的申请书就是“建筑物确认申请书”。

地震会给给排水卫生设备带来哪些破坏？

Answer 当给排水卫生设备在地震中遭到破坏时，就会导致其功能（水量、水压、水质）中断。其结果会给我们的生命、生活及生产活动等带来一定的障碍。

因竣工时间是在新抗震法出台之前还是之后（机器设备为 1982 年 3 月）、建筑物所在地的地基种类、建筑构筑物、设置位置、部位等的不同，地震给给排水卫生设备（机器、起居、配管、基础及支撑材料）造成的破坏也不一样。

下面，我们分别按机器设备、配管以及基础支撑材料，对地震造成设备损坏主要原因列举如下：

（1）机器设备遭到的破坏

直接置于地面的机器设备遭到破坏的原因如下：

① 锚固螺栓的安装不到位或固定铁件强度不够。

② 混凝土基础与主体未呈一体化，或螺栓边距尺寸不足。

③ 基座的强度与安装螺栓的强度不够。

④ 机器设备的本体强度不够（FRP 水槽）。

吊顶、壁挂设备遭到破坏的原因如下：

① 吊装螺栓及吊装机器的抗震中心架不完备。

② 吊装铁件本身的强度与埋设铁件等的强度不够。

另外，隔振支撑机器受到的破坏有下述两种情况：

③ 抗震止动器安装缝隙的施工处理差或性能不好。

④ 自重大的机器设备顶部支撑的安装不到位。

对上述问题的处理措施如图 7.1 和图 7.2 所示。

（2）配管遭到的破坏

在地震时遭到破坏的配管中，绝大多数都是机器设备连接部分的配管。发生的原因就在于：①水槽等的连接配管未安装位移吸收管接头；②产生位移的机器设备未安装位移吸收管接头。对此的处理措施如图 7.3 所示。

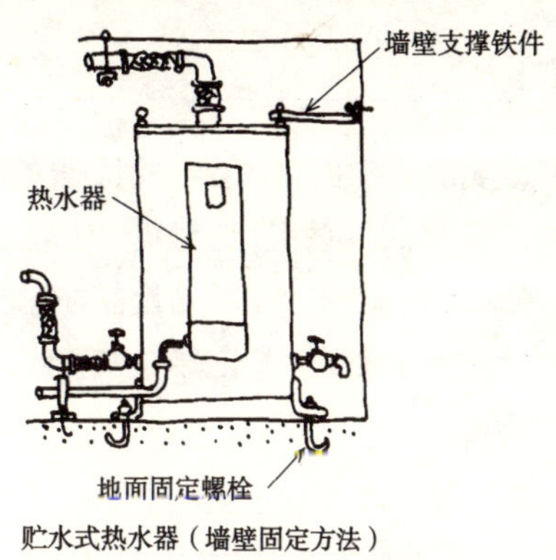

贮水式热水器（墙壁固定方法）

图 7.1　机器设备的顶部支撑固定

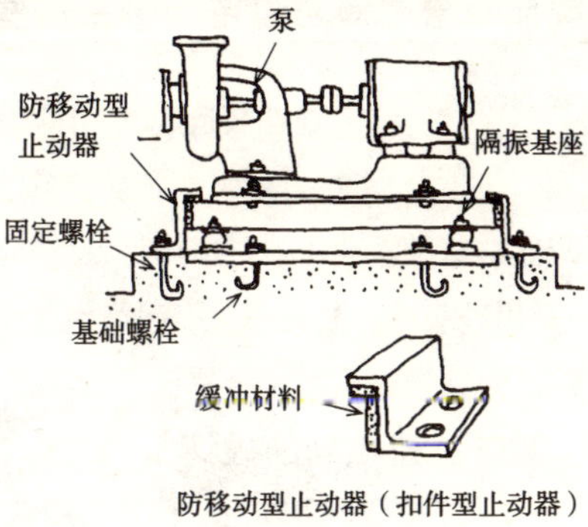

防移动型止动器（扣件型止动器）

图 7.2　防止移动止动器（扣件型止动器）

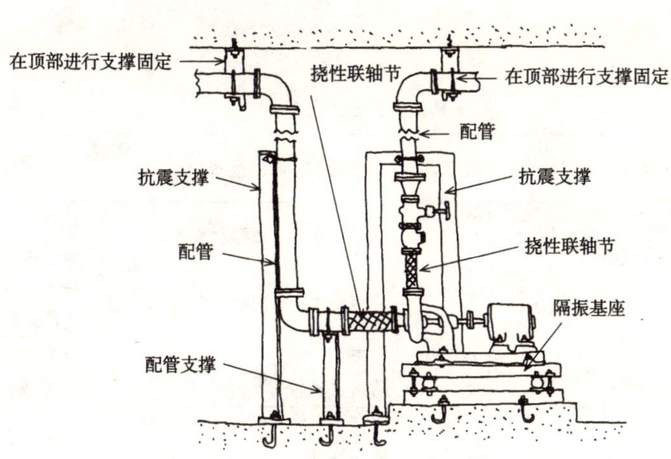

图 7.3　机器设备与配管的连接方法

（3）基础、安装部位、抗震支撑材料遭到的破坏

在基础、安装部位、抗震支撑材料遭到的破坏中，后施工螺栓缺陷之处主要表现为以下几项：

① 缺乏选择锚固螺栓种类的知识。

② 埋设程度不够或金属扩张部分的可胀程度不足。

③ 因进行防锈处理而使螺栓的屈服强度下降。

④ 螺栓本身的强度不够（包括施工方法不当）。

地震都会给“消防设备”带来哪些破坏?

Answer 在地震造成的“消防设备”受到的破坏中,可以看到“消防设备”移动、倾倒,“消防器具”破损、坠落,“消防配管”破损、坠落及“消防器材基础、消防器材支撑材料”移动、断裂、破损。另外,消防设备的配管等一旦出现裂纹、断裂就会引起跑水造成的二次灾害(次生灾害),带来人员和物质损失。

(1)消防设备遭到的破坏

表 7.1 是按照对象项目、建筑物用途、受灾内容以及受灾原因等项,对在日本兵库县南部地震(阪神 · 淡路大地震)(1995 年)、日本宫城县北部地震(2003 年)以及日本新潟县中越地震(2004 年)中消防设备遭到的破坏状况进行归纳编制的。

消防设备受损一览表 **表 7.1**

	对象项目	建筑物用途	竣工日期	受灾内容	受灾原因	资料来源	地震名称
器具遭到破坏	自动喷洒灭火装置喷头	SKO 饭店	1988 年竣工	破损跑水	顶棚材料移动	①	日本兵库县南部地震
	自动喷洒灭火装置喷头	KB 饭店	1990 年竣工	破损跑水	顶棚材料移动	①	日本兵库县南部地震
	自动喷洒灭火装置喷头	某购物中心	2003 年竣工	顶棚材料脱落造成破损	顶棚材料脱落	②	日本宫城县北部地震
	泡沫灭火感应式喷头	SKO 饭店	1988 年竣工	喷射泡沫	感应喷头与梁相碰造成的误操作	①	日本兵库县南部地震
配管遭到破坏	给水管、排水管、消防水管	P 集合住宅	1990 年竣工	断裂漏水	管线进线部位的地基下沉不均匀	①	日本兵库县南部地震
	室内消防水管	N 学校	1961 ~ 2002 年	漏水、软管散落	—	③	日本新潟县中越地震

资料来源①《空气调和 · 卫生工程学》,第 69 卷第 7 号,P49 ~ 53,木内俊明,空气调和 · 卫生工程学会刊行

资料来源②《建筑设备与配管工程》,2004.8,P20 ~ 27,赤井仁志等人,日本工业出版发行

资料来源③ 空气调和 · 卫生工程学会 / 日本空气调和 · 卫生工程行业协会合同委员会实地调查

（2）室内消火栓遭到的破坏

室内的消火栓设备主要是供居住者及设施管理者等在火灾初起阶段进行灭火而设置的。过去也曾有在对震后的初起火灾进行扑灭时，因室内消火栓箱变形无法打开、软管破损、配管断裂而无法使用室内消火栓，以致造成火灾灾情扩大的案例发生。

（3）自动喷洒灭火装置喷头遭到的破坏

一般在中、大规模的办公楼所用的自动喷洒灭火装置的灭火设备中，自动喷洒灭火装置的喷头大多都被安装在建筑非结构构件的顶棚处。这种顶棚分为露明顶棚和双重顶棚（传统的木制顶棚、轻钢龙骨基底顶棚、系统型顶棚），但在一次组装的轻钢龙骨基底的顶棚中，也发生过因吊装材料及扣件等破损、移动或安装铁件脱落等原因而造成部分墙壁边缘的顶棚装修材料破损、移动、坠落等灾害的。以前也曾有过这样的情况发生：因安装在这类顶棚上的自动喷洒灭火装置喷头与顶棚材料相碰后造成自动喷洒灭火装置喷头损坏、脱落，引起管内的水喷出，以致造成灭火功能不全；因地面浸水而引发二次灾害（次生灾害）。

地震时到底应对自动喷洒灭火装置采取哪些对策呢？措施之一就是要对自动喷洒灭火装置安装部位的顶棚材料吊装铁件是否安装了斜撑材料进行确认，并对墙壁与顶棚衔接部位节点是否在地震时可以得到缓冲进行确认。措施之二就是自动喷洒灭火装置的吊装材料应采用抗震固定，与配管的连接则应采用挠性连接方式。图 7.4 所示为自动喷洒灭火装置喷头的安装要领。

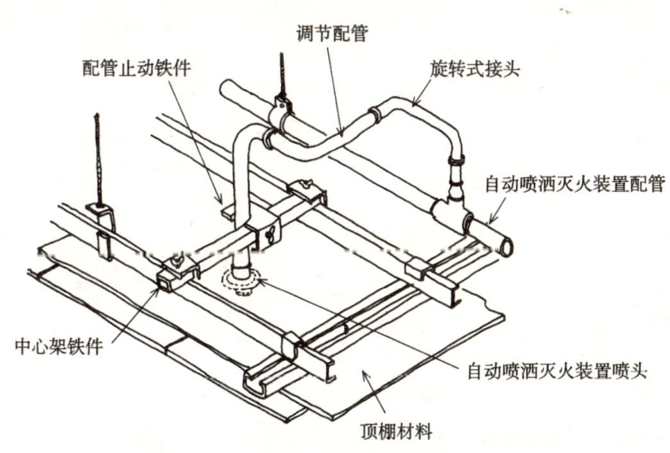

图 7.4　自动喷洒灭火装置喷头的安装

如何才能确保大地震等非常时期的最低限度的饮用水？

Answer 地震发生后平时使用的生活用水的供水中断时，我们是否能确保最低限度的用水量？

（1）日常的使用水量

一般成年男子 1 天大约需要摄取 2.5L 的用水量。每日需补充饮用水 1.2L、食物中的含水量 1 L、体内的代谢水 0.3 L。另外，一天大约要排出 2.5 L 水分。其中大小便 1.6 L、呼吸的水蒸气 0.3L、皮肤蒸发的汗液 0.6L。这样对人来说，一天所需的代谢量大约为 2.5L。

虽然各个家庭的用水量不同，但在一般家庭生活中 1 天必须的供水量为 1 人至少需要用水 250 ~ 300L（其中，洗澡：约 26%、冲厕：约 24%、做饭：约 22%、洗涤：约 20%、其他：8%）。

（2）确保紧急情况发生时的饮用水

紧急情况发生时的用水量因灾害发生后救灾时间长短的不同，其目标用水量也不一样。受灾时维持生命的用水量以灾害发生后 3 日之内为限度，供水目标为 1 人 1 天 3L；之后因需保证最低限度的卫生供水目标为平均 1 人 20L。

表 7.2 表示大规模灾害发生自来水供水中断时，对断水家庭提供应急供水的目标。

灾害发生时必须确保的目标用水量　　表 7.2

33 个自治体中的 9 个城市采用	Ⅰ	Ⅱ	Ⅲ	Ⅳ
	灾害发生 3 日内	4 ~ 10 日内	第 11 天开始至 15 天或 21 天内	第 16 天或第 22 天开始至 21 天或 28 天内
目标用水量 用途	3 L /（人 · 日）	20 L /（人 · 日） Ⅰ栏 + 洗澡用	100 L /（人 · 日） Ⅱ栏 + 洗澡用	250L /（人 · 日） 通常的用水量
搬运距离 供水场所	约 1kg 以内设置防灾救助点，应急供水设施等	约 1kg 以内设有应急供水设施等	约 100m 以内恢复管线，设有应急供水设施等	约 100m 以内恢复管线，各户
供水方式	供水车、临时给水龙头			临时配管、公用水龙头

资料来源：摘自空气调和 · 卫生工程学会、给排水卫生设备委员会、杂用水处理装置设计专业委员会资料。

(3) 确保非常时期的生活用水

为能确保地震时的生活用水，应对已建、新建的贮水槽，高置生活水箱中的存留水进行有效的利用。应在水槽的合适部位安装紧急断流阀，以保证贮水槽和高置生活水箱的存留水能得到有效的利用。图 7.5 表示紧急断流阀（参见“名词解释”）的设置方法。

【名词解释】 **紧急断流阀**

以地震等紧急情况发生时防止贮水槽及高置生活水箱的给水漏水为目的所设置的、可与地震感应装置联动的阀门。也有将其安装在给水系统配管管线中间或水槽内的。“紧急断流阀装置”是一种紧急情况发生时可进行遥控操作或自动中断建筑物供气的装置，大型地下街及使用中压煤气的建筑物、超高层建筑物等《煤气事业法》中规定的建筑物都必须设置这种装置。另外，“微机型煤气表”上还具有当感到烈度 5 度弱的晃动时，一旦接受到煤气漏气感应器发出的信号后就可自动断气的功能。

如果设置在集合住宅（30 户、居住人员 120 人）中的 15t 贮水槽 [120 人 × 250 L / 日 ×1/2（半天）] 可以存水 10.5t（15t 有效水量的 70%），那么若按最小限度的用水量计算就可以坚持生活 4 周左右。

10500 L÷（120 人 ×3 L / 日）≈ 4 周

如果供水车开始供水，贮水槽及高置生活水箱就可以得到有效的利用，而且也可以作为附近的供水点加以利用了。

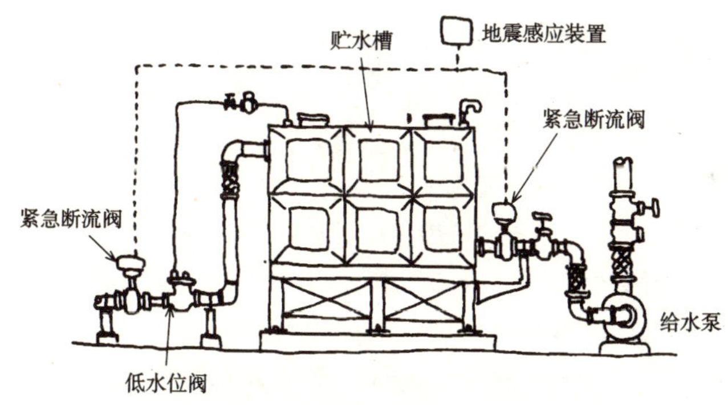

图 7.5　紧急断流阀的设置方法

地震发生时“井水”都会出现哪些变化?

Answer 我们在日常生活中使用的水井一般分为：从井深 5m 左右的浅层地下水取水的浅水井和从深层承压水取水的深水井（图 7.6）。这些水井在地震发生时都会发生哪些变化呢?

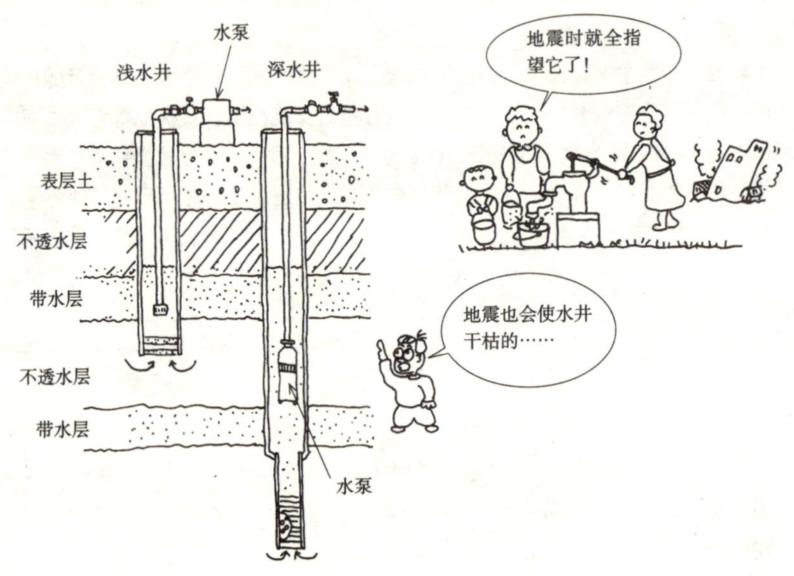

图 7.6 浅水井与深水井

（1）井水的变化

下面，我们对地震发生前后井水的变化情况做一个论述。

有报告中提到曾出现过下述情况: ①地震发生时在地表的断层附近突然喷水; ②部分喷水在 2 个月后停止喷水；③水井干涸；④地震过后已达一年以上，井水的水位仍未恢复；⑤汲水量减少；⑥井水混浊变色；⑦井水水质发生变化，等等。另外，也流传有宏观异常现象之说（参见“名词解释”）。

与上述提法不同，也有报告提出“伴随地震的发生地下水的水压及水位虽会发生变化，但这种变化只是暂时的”、“随着时间的推移最终还是会恢复到以前状态的”，以及“与降雨带来的影响或周期的变动幅度相比，地震引起的地下水变化要小”。因此，可以说地震引起的井水水位、涌水量、水温、水质等影响与地震发生的场所和水井的位置、深度有关。

（2）对井水的有效利用

大地震引发的大规模灾害出现时，为保证受灾人员的日常生活，就应像上述的那样按 1 人 1 天 3 L 的“饮用水”、1 人 1 天 20 L 的“生活用水”提供。确保这些用水的手段之一就是要确保“水井水”，这一点是不容忽视的。

在日本兵库县南部地震（阪神 · 淡路大地震）发生后的 1995 年 6 月，《地震防灾对策特别措施法》（法律第 111 号）出台。规定了“为能确保地震灾害发生时的饮用水、电源等以及受灾人员的安全，需配备必要的水井、贮水槽、游泳池、自备发电机等设施或设备”，并规定水井的设置应为“应急水井”，对此国家对都道府县及市町村给予一半的补贴。另外当发生大规模的地震等灾害、自来水管线的供水中断时，为能确保除“饮用水”外的“生活用水”，还有向附近受灾者提供井水的“应急救助水井”的登记制度。这在日本各地已成为一项重要的任务。另一方面，今年地震观测井也在日本全国铺开。

日本鸟取县西部地震（2000 年）时井水受到污染，因饮用了被污染的井水而引发“钩端螺旋体病”的全面爆发流行。在灾害发生需饮用井水时，即使水质检查的结果是可以饮用，但在地震发生后也必须经过煮沸后才能饮用。

【名词解释】 **宏观异常现象**

指地震发生前生物、地质、物理方面出现的各种异常现象。我们经常可以听到“地震之前鲇鱼突然死亡”、“鸟飞走，或成群的鸟聚集在一起鸣叫不已”、“井水发生异常变化”、“正在冬眠的雨蛙不断鸣叫”、“看见异常的光或云、彩虹”等说法。有报告说大地震发生之前都会出现许多宏观异常现象，这在预测预报地震的研究领域中已引起人们的重视。

地震时应对燃气设备采取哪些措施?

Answer 我们日常使用的燃气设备有城市天然气和液化石油气（LPG）（参见“名词解释”）两种。不论哪种设备，地震时都应截断进入建筑物的燃气供气，以防燃气燃烧爆炸引发次生灾害，这一点是非常重要的。城市天然气管道通过感震自动截断系统等就可以截断受灾地区的供气（防止次生灾害的发生）或迅速向受灾较轻的地区继续供气；而液化石油气（LPG）只要关闭储气罐的阀门就可以防止次生灾害的发生，而且在抗震修复阶段则是烧水烧饭、赈灾济民的热供给源。

（1）地震时对城市天然气采取的措施

一般燃气公司将地震发生时的燃气供气区域分为“即时停止供气区域”和“紧急停止供气区域”，其目的是防止燃气引发次生灾害并使停止供气的区域最小化，为此建立了图 7.7 所示的燃气紧急截断系统。

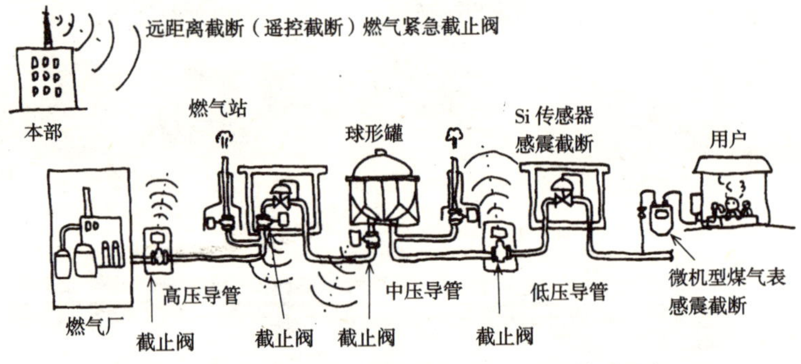

图 7.7 城市天然气设备的紧急截断系统（东京燃气公司）

下面是地震时对燃气设备中的用户设备采取的措施：

1）引入管燃气截止阀装置： 一种设置在建筑用地内的引入管线上的截止装置，其目的是非常时期等危急时刻在地面上便于操作并迅速截断通往建筑及建筑用地内燃气供气。一般，这种装置设置在建筑红线附近的建筑用地内。

2）燃气紧急截止阀装置： 一种在建筑物的中央监控室就可以对设置在进入该建筑物外墙的第一个贯通部位的前面或后面的燃气紧急截止阀（参见“Question 4 的名词解释”）进行远距离操作的装置。设置场所应选在便于维修管理的地方，并应进行牢固的支撑固定。另外，也可以设置通过与置于操作盘内的内置感震器及操作盘外的外置感震器间的联动即可自动截断供气的装置。图 7.8 是表示燃气泄漏与感震器的燃气紧急截止阀装置示意图。

3）**燃气自动截止阀装置**：包括微机型燃气表和业务用燃气自动截止装置。

① 微机型燃气表：燃气表就是一种设置在燃气管道上，用以计量流过管道内燃气体积的总量的流量测量仪表。这种燃气表内装有微型计算器，通过压力传感器可以对调整器至燃气阀的管道泄漏发出警报，而且感震器在地震发生时（地震烈度 5 度强或加速度 200gal）也可以截断燃气供气。截断阀采用双向阀（电磁阀），利用室内线路及电话线通过中心设备即可进行阀门的开关控制操作。图 7.9 表示住宅中的各种安全设备。

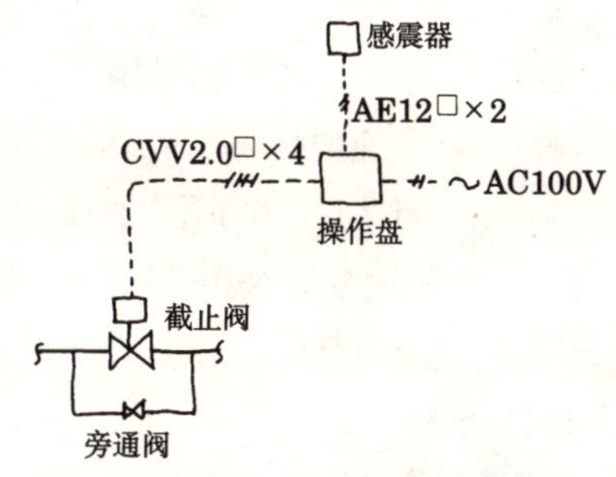

图 7.8　燃气紧急截止装置系统示意图

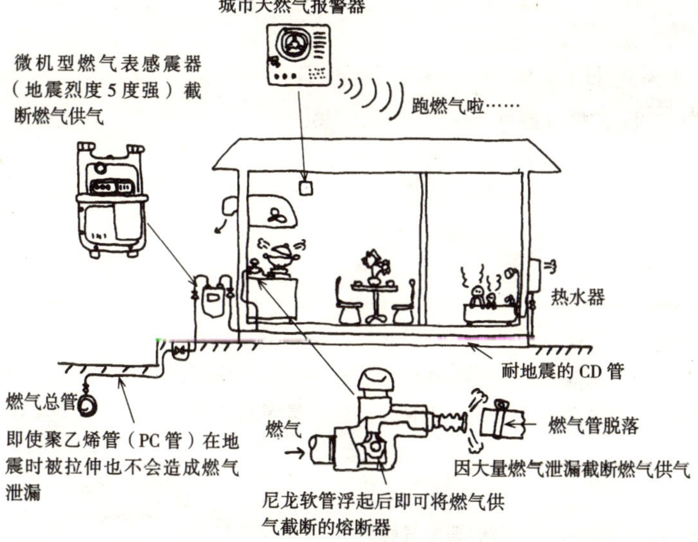

图 7.9　住宅中的各种安全设备

② 业务用燃气自动截止装置（燃气截止阀及内置式感震器操作盘、燃气泄漏报警器联动、燃气截止阀开闭监视、通烟罩灭火联动）：一种设置在兼用厨房及店铺等的装置，由通过电气信号动作的自动阀（业务用燃气自动截止阀）与可以进行远程操作的操作器以及燃气泄漏报警器、感震器等异常检测装置构成。

4）**燃气泄漏报警器：**安装在顶棚或墙壁上，一旦感应到燃气泄漏便会亮灯并发出报警声。燃气泄漏报警器可与微机型燃气表及业务用燃气自动截止装置联动，并可作为燃气泄漏报警设备的检测器使用。因城市天然气（13A）具有比空气轻的性质，所以设备的安装位置应按燃气泄漏报警设备的报警器下端距顶棚面下方30cm以内的要求进行设置。

（2）地震时对液化石油气（LPG）采取的措施

液化石油气（LPG）具有比空气重的特点，所以当将燃气泄漏报警器安装在距地面30cm以内高度的部位时，一旦达到爆炸下限浓度2.1%约1/4（0.5%）时就可以检测到并发出警报，在联动的同时微机型燃气表就会将燃气供气截断；而且若将检测一氧化碳的CO报警器安装在顶棚附近，当发生不完全燃烧时信号传递到微机型燃气表后就会将燃气供气截断。

地震后用于烧水烧饭、赈灾济民等所必需的液化石油气（LPG）用量为：主食+饮用水（开水或茶水）时约为平均60g/（人·日）；当避难场所有500名灾民时则为

60g/（人·日）×500人÷1000=30kg/日

这样，50kg的燃气罐可提供约1.5天的热源。

【名词解释】 LPG

LPG是液化石油气（Liquefied Petroleum Gas）的首字母缩略词，一般称为丙烷气、丁烷气。家庭取暖、厨房一般使用丙烷含量多的“丙烷气”，而工业则使用丁烷含量多的“丁烷气”。

LPG比空气要重（空气的1.5～2倍），本来是无味的，但为了在发生煤气泄漏时能立即得知而加入了腐烂葱头气味的成分。

水槽中的“1.0G 型”、“1.5G 型”等都表示什么意思？

Answer 由于受 1978 年 6 月 12 日发生的日本宫城县海底大地震（M: 7.4）波及建筑设备的地震灾害教训，1981 年 6 月对《建筑基本法实施令》中的“新抗震设计法”进行了修改并确立了建筑设备所应采取的抗震措施，而且根据出台的《建筑设备抗震设计 · 施工指导方针（1982 年版）》将贮水槽由过去的 2/3G 改为 1.0G、高置生活水箱由 1.0G 改为 1.5G。之后又汲取了 1995 年发生的日本兵库县南部地震（阪神 · 淡路大地震）的受灾教训，在 1997 年版的《建筑设备抗震设计 · 施工指导方针》中加强了贮水槽和高置生活水箱的抗震性能，亦即按抗震强度等级规定贮水槽为 0.6 G、1.0G，高置生活水箱为 1.5G、2.0G、2.5G（参见“第 5 章 Question 3 的表 5.2”）。

特别是应对建筑物外周边路人等不确定多数人的安全加以考虑，而且在对设置在屋顶遭受夏日阳光照射及暴风雨冲淋的水槽等的槽体、基座及其基础等进行安装时，都应采取加强抗震的措施。

（1）水槽等的设计用标准烈度

关于建筑设备抗震设计用的标准烈度（参见“名词解释”），距地基面 60m 以上的建筑物或隔震建筑物、减震建筑物的设计用标准烈度可通过动态的设计方法求出，而高度在 60m 以下的建筑物则可通过局部烈度法按设置层求出建筑设备的设计标准烈度等级。另外设定一个作用于水槽的地震的反应加速度值后，再用该值乘以水槽本身与满水的水量后即可计算出地震力。应在该地震力不会出现破损、移动、倾倒的前提下对抗震性能进行计算，并对钢材等材料的尺寸及安装方法进行研究。

【名词解释】 **设计用标准烈度**

决定设计用地震荷载而特意规定的标准水平烈度。在多层结构的建筑物中，是作用于一个楼层的地震时的水平力除以该层重量后得到的标准值。水平烈度与地震系数（seismic coefficient）同义，可以作为最大水平加速度与重力加速度之比与“垂直加速度”进行对比。

值得注意的是，用人体感觉表示某一地点的地震动强度［地震烈度（seismic intensity）］与我们所说的“气象厅的地震烈度等级”完全不同。

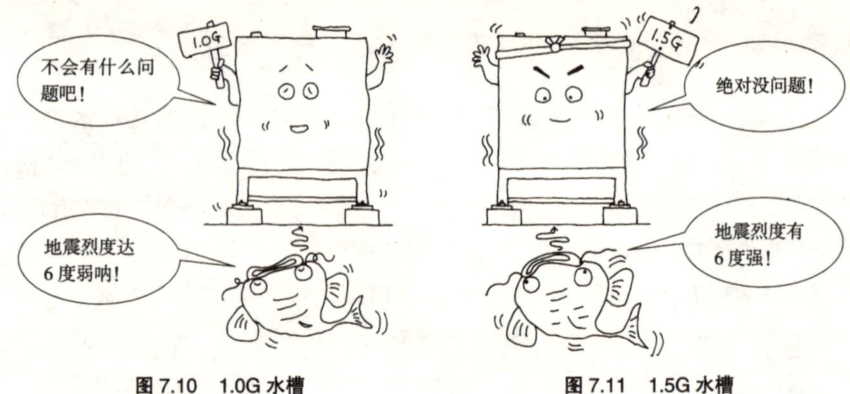

图 7.10　1.0G 水槽　　　　图 7.11　1.5G 水槽

关于政府行政设施，在 1996 年 10 月出台的《政府行政设施的综合抗震诊断 · 修改标准》中按特定设施与普通设施、重要水槽与普通水槽以及建筑物楼层对设计用标准烈度进行了分类。图 7.10 表示 1.0G 型的水槽、图 7.11 则表示 1.5G 型的水槽。

（2）水槽等的设计用标准烈度的选定步骤

水槽等的设计用标准烈度的选定顺序如下：

① 水槽等是按什么用途、类别的建筑物设置的。

② 设定抗震安全等级。

③ 水槽等应设置在建筑物的哪一层？

④ 水槽的重量是多少？

⑤ 用局部烈度法设定抗震强度等级与划分适用范围。

⑥ 对设计用机器烈度与机器的本体、螺栓强度、安装方法作出决定。

下面举例说明如何计算水槽等抗震强度等级。应对安装在 10 层集合住宅中的一层的贮水槽抗震强度等级遇非常时期灾害的情况加以考虑，选择“抗震强度等级 A 级”，设计用标准烈度为“1.0G 型”。水槽等在大地震等灾害发生时因生命线工程的缘故而成为重要的机器设备，普通建筑物也应选择抗震强度等级 A 级。

大型水槽中的“液面晃动现象”到底是怎么回事?

Answer

(1)液面晃动(sloshing)现象

正如图 7.12 中所示，地震发生时水槽内的水便会出现上下左右激烈晃动以致翻起水花，巨大的水压压力施向水槽的槽顶及槽帮。在日本兵库县南部地震(阪神 · 淡路大地震)(1995 年)、日本宫城县海底大地震(2003 年)、宫城县北部地震(2003 年)以及新潟县中越地震(2004 年)中，都曾发生过因液面晃动现象而使水槽的槽顶部分遭到破坏的情况。表 7.3 表示在各地震中水槽遭到破坏的状况。

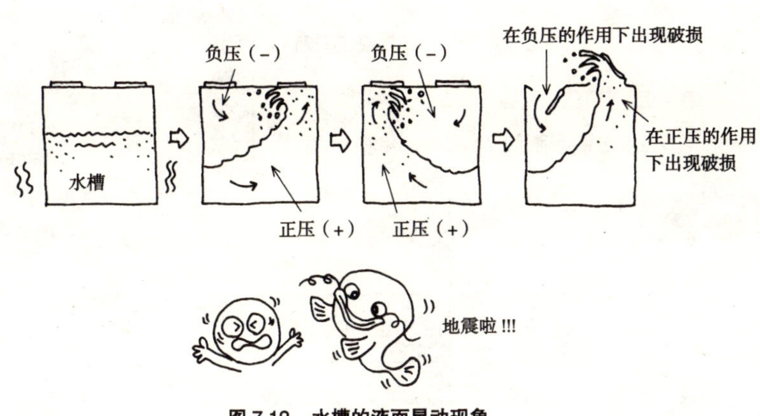

图 7.12 水槽的液面晃动现象

(2)液面晃动的原因

地震波分为短周期波(周期短、频率大的波: 周期在 1s 左右)和长周期波(周期长、频率小的波：周期在 4s 以上)。在短周期波为主的地震中，虽然冲击性的水压会施向水槽,但水槽中的液面几乎不会出现晃动。而在长周期波为主的地震中，水槽的固有周期大致为 3 ~ 15s，一旦固有周期接近地震的晃动周期，就会产生共振并出现液面晃动现象。

(3)防止液面晃动的措施

液面晃动现象是指水槽内侧产生的正压及负压作用于水槽槽帮上部及水槽槽顶的壁部，以致造成水槽顶部遭到破坏的现象。为了防止这种正、负压，作为水槽侧帮及底部的强度能够承受浪花涌动对顶部压力增大的措施，可以采用加强槽顶面结构的抗震效果或设置通气口与检修孔等加强抗震效果的措施。

在各地震中水槽遭到破坏一览表 **表 7.3**

	对象项目	建筑物用途	竣工日期	受灾内容	受灾原因	资料来源	地震名称
机器设备遭到破坏	高置生活水箱	M 事务所	1987 年竣工	漏水	外板开孔周围出现裂纹、底板出现裂纹	①	日本兵库县南部地震
	高置生活水箱（铁制涂敷制）	KT 医院	1980 年竣工	漏水	安装螺栓破损、箱体破损	①	日本兵库县南部地震
	高置生活水箱	SK 医院	1994 年竣工	漏水	天花板和外板破损	①	日本兵库县南部地震
	高置生活水箱	SKO 饭店	1988 年竣工	漏水	凸缘部位变形	①	日本兵库县南部地震
	高置生活水箱	某医疗设施	1985 年竣工	损伤	位移吸收接头无法吸收反作用力	②	日本宫城县海底大地震
	高置生活水箱	某医院	1968 年竣工	移动	位移吸收接头无法吸收反作用力	②	日本宫城县北部地震
	高置生活水箱	○医院	1975 年竣工	移动	未与钢结构基座上的排水板进行固定	③	日本新潟县南部地震
	贮水槽	M 事务所	1987 年竣工	漏水	面板的连接部位变形	①	日本兵库县南部地震
	贮水槽	KT 医院	1980 年竣工	位移损	地基出现不均匀下沉	①	日本兵库县南部地震
	贮水槽	P 集合住宅	1990 年竣工	顶棚板破损	贮水面晃动	①	日本兵库县南部地震
基础、支撑材料遭到破坏	高置生活水箱基座基础	某小学	1972 年竣工	基座的支撑螺栓破损	水槽因地动晃动产生共振，劣化的螺栓断裂	②	日本宫城县北部地震
	贮热水罐基座	某游泳中心	1992 年竣工	移动	螺栓强度不够	②	日本宫城县北部地震

资料来源①《空气调和 · 卫生工程学》，第 69 卷第 7 号，P49 ~ 53，木内俊明，空气调和 · 卫生工程学会发行。

资料来源②《建筑设备与配管工程》,2004.8,P20 ~ 27,赤井仁志等人,日本工业出版发行。

资料来源③ 空气调和 · 卫生工程学会 / 日本空气调和 · 卫生工程行业协会合同委员会实地调查。

对于埋设部位中的“采取抗震措施的配管施工方法”都有哪些注意事项?

Answer 埋设配管包括建筑物外部的配管，与喷洒栓、雨水进水口、进人检查井连接的配管，以及净化池周围的配管。这些埋设配管在地震的作用下会出现裂纹或断裂，并发生漏水、泄漏，以致造成给排水、卫生设备的功能完全丧失。

(1) 埋设部位遭到破坏

建筑物外部的雨水进水口及进人检查井、净化池“浮起现象”(参见“名词解释”)造成的连接配管破损，是由于在地震的作用下缝隙水压增高，无法适应地基的“砂土液化现象”而造成的沉降隆起引起的位移。这种情况多发生在设置雨水进水口及进人检查井等后回填土夯实不够，或地下水位太高时。

【名词解释】 **浮起现象**

指地下埋设物因“砂土液化现象”等突然浮到地面上的现象。建筑外部工程中铺设的地下埋设进水口及进人检查井等虽然一般进行过“浮力研究计算”,但“净化池”、“地下埋设油罐”在申请设置许可时，为防止因地下水浮力引起的油罐浮起事故的发生，应向消防署提交浮力计算书并取得允许设置的许可。

(2) 对外构部位进行的抗震支撑

预计到地基下沉时对软弱地基的配管进行施工的注意事项有以下 3 点：

① 埋设时应进行充分的捣固夯实。

② 使用不易发生砂土液化现象的碎石。

③ 添加水泥使其固化。

另外，还应对设置在室外净化池回填土的种类与槽体的支撑等采取相应的措施。在抗震安全等级 S 和 A 中，可以采用上述①~③中的任意一种方法，也可以采用公用设施合用管沟的方法进行施工。图 7.13 是对建筑物外部配管进行施工的示例，图 7.14 是对连接雨水进水口配管进行施工的示例，图 7.15 是对净化池进行施工的示例。

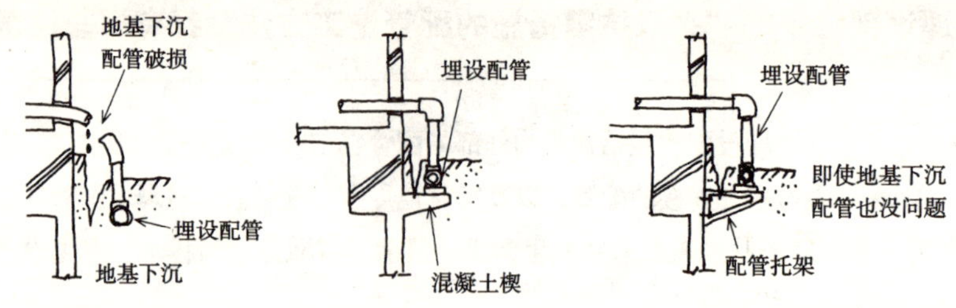

图 7.13　建筑物外部配管的施工示例

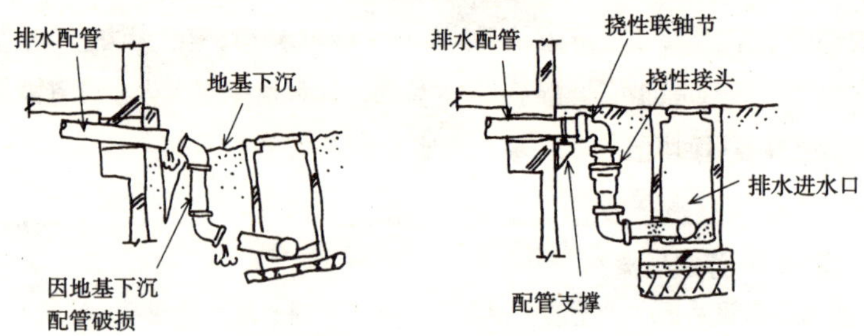

图 7.14　连接雨水进水口的配管施工示例

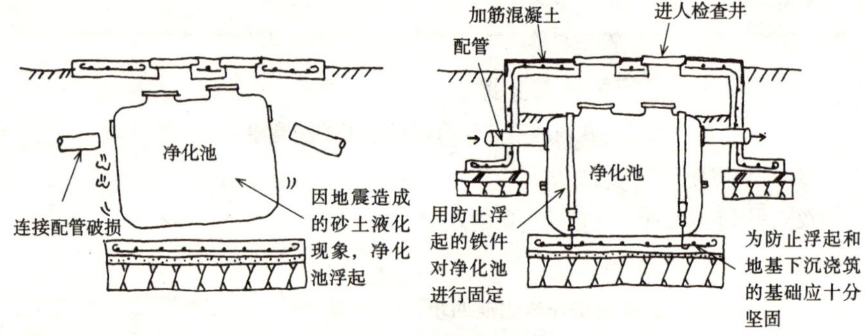

图 7.15　净化池施工示例

给排水设备中要求符合“抗震规范”的机器设备是什么？

Answer “抗震规范”指标包括以下两项：具有地震时不会发生破损的抗震功能，并用“抗震强度等级”表示抗震强度的指标，以及确保震后功能各项性能的“抗震安全等级”指标。在《建筑基本法》日本建设省告示第1388号中，规定置于屋顶上的水槽、烟囱、冷却塔等设备应与支撑结构部位或建筑物的结构承载的主要部分进行固定，而支撑结构部位则需与建筑物的结构承载的主要部分进行固定，并要求符合“抗震规范”和增强抗震能力。

（1）抗震强度等级

地震时给排水卫生设备功能不会发生瘫痪性损伤的机器移动、破损或配管错位、脱落等的性能就叫做抗震性能，而且抗震强度等级（抗震强度等级S、A、B）可作为抗震强度加以表示。然后应根据建筑物是否会成为灾后救助点，以及是否作为重要的电算中心这一使用目的及其设置楼层及设置部位，决定机器与配管是否适宜采用标准烈度和抗震支撑。

（2）抗震安全等级

为保障震后受灾者的居住环境（如防灾救助点设施或无家可归者的临时避难设施）而需确保给排水设备功能的性能称为独立性能，抗震安全等级可用S级、A级a、A级b、B级表示。

① 在用于灾害应急对策活动的必要设施以及贮藏或使用危险物的设施中，消防、警局、特定的医院、特定的行政机关、民间企业特定的中枢设施、石油罐等为S级。但是，所谓建筑物的房间则为未加限制的特定房间。

② 在除①外的用于灾害应急对策活动的必要设施中，特定的公共设施、医院等医疗设施、特定功能的文化设施等为A级a。

③ 对于B级的对象建筑物以及设备，为保证抗震安全性应增加安装的强度，而且对于提高标准的则为A级a。

④ 非特定的政府行政设施、普通的建筑物为B级。水槽等在非常时期生命线工程的使用中至关重要，所以应为A级。

以抗震强度等级与抗震安全等级为例，设置在用作灾害救助点的10层建筑物中一层的贮水槽槽体按抗震强度等级S级进行固定，采用1.5G型的水槽。另外排水泵应按抗震强度等级S级准备备用电源，并配备复数组的排水泵。

第 *8* 章

关于电气设备的 Q&A

Question 1

对电气设备进行“抗震诊断”的着眼点都包括哪些内容？

Answer 如果将电气设备进行大致的分类，就像图 7.4 中所示的那样包括配电设备、发电机设备、蓄电池设备、干线设备、动力设备、照明设备和室内配线、停车场设备等各种电气设备。在大地震灾害中最致命的就是“生命线工程”的瘫痪。主要的生命线工程有电气、供水、供气、交通、电信等工程设施，特别是一旦“供电”中断，就会出现极为严峻的形势。在日本兵库县南部地震（阪神 · 淡路大地震）中，生命线工程遭到严重破坏，大约经过 10 天供电才得到了恢复。

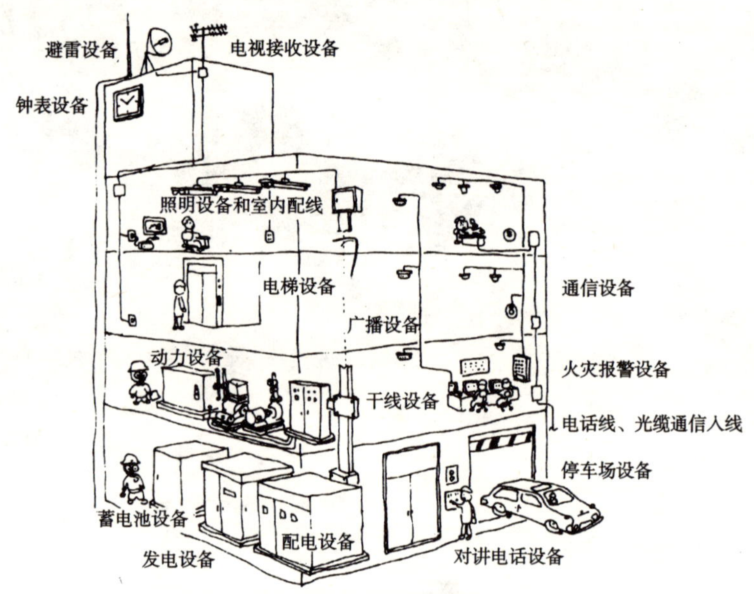

图 8.1 电器设备的种类

建筑物中最为重要的就是电气设备。首先建筑物的“照明设备”是不可缺少的，而且“升降机设备”、“给水设备”及“空调换气设备”都必须通过电气才有可能使电动机启动，因为只有通过“动力设备”的运转才能实现它的功能。

生命线工程中的供电（商用电源）得到恢复时，将电接入建筑物内的“进线设备”与“送变电设备”就成了最为重要的电气设备。

因此，对电气设备进行抗震诊断的着眼点就是应将“送变电设备”的引入线及送变电设备的抗震诊断作为最优先的项目。“引入线”中包括架空引入、地下引入、电缆引入等。送变电设备中包括开放型、封闭型、配电盘等。另外，在送变电设备的抗震诊断项目中，“安装状态”、“与机器的连接状态”、“劣化状况”等是其主要项目。

电气设备抗震诊断表（例） **表 8.1**

设置场所	设备名称	部位	诊断项目	诊断内容	评价				备注
					好	需注意	需改善	未确认	
屋顶	送变电设备	隔离配电盘	安装状态	① 锚固螺栓的强度如何，有没有受到腐蚀					
				② 基础的状态					
				③变压器等有没有采用锚固螺栓、抗震止动器					
			与机器的连接	① 与变压器的一次、二次侧端子的连接状况、电路材料的状况					
			进线电缆	① 电缆有无余长					
				② 引入口贯通孔的富余程度					
屋顶	自用发电设备	隔离配电盘	安装状态	① 锚固螺栓的强度如何，有没有受到腐蚀					
				② 基础的状态					
中间层	干线	EPS 及横接部位的吊装螺栓支撑材料	安装状态	① 锚固螺栓的强度如何，有没有受到腐蚀					
				② 使用材料的强度					
				③ 电缆的支撑状态					
		建筑物的伸缩缝部位		① 电缆有无余量					
				② 伸缩缝贯穿部位的穿线前后的固定状况					

此外，对整个电气设备进行抗震诊断的要点请参阅后面的附录——资料 1。关于地震烈度、设备的抗震强度等级在其他章节中已做论述，请参阅相关章节。

在对电气设备进行实际的抗震诊断时，只有在诊断之前先将应当进行诊断的电气设备的名称与部位（机器设备等），以及诊断的内容及鉴定结果等列出清单，才有可能做出“有效的诊断”。例如，在对送变电设备进行诊断时，应对该设备应设置在何处（屋顶、室外等）、其形式是开放型（图 8.2）还是封闭型（隔离配电盘：图 8.3）进行核实，并编制出诊断部位的“对照一览表”，通过该一览表就可以实现抗震诊断了。

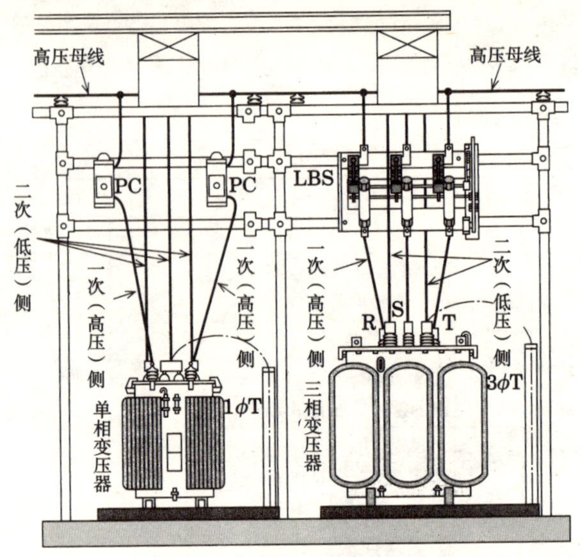

图 8.2　开放型高压送变电设备

（资料来源）大浜庄司．自用电气技术者实务知识．设备与管理，2006 年 2 月刊，欧姆社

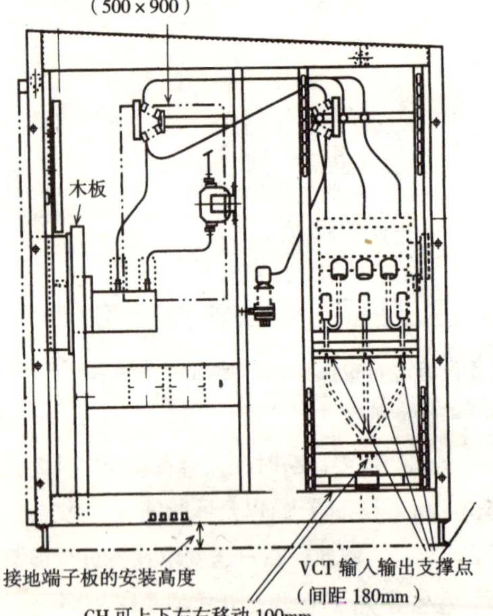

图 8.3　隔离配电盘变电设备

资料来源：田尻陆夫．建筑电气设备图集．设备与管理，1997 年 9 月刊，欧姆社

更新时应如何对送变电设备进行抗震加固（抗震修复）？

Answer 送变电设备的更新（修复）是在该送变电设备经过相当长的时间（通常为 30 年）后才进行的。因此很多都是按 1981 年以前的“旧抗震标准”执行的。利用更新（修复）的机会对电气设备的关键设备——送变电设备进行抗震修复是千载难逢的好机会。一般送变电设备是由下述 Question 3 图 8.6 中所示的设备构成的。其中特别将“自重大的重要机器”——“变压器”标以“T”并以图示的形式表示出来。

对送变电设备进行抗震修复的具体方法是：选择需要抗震加固符合抗震强度等级的固定构件的“送变电设备”后，进行下述的“抗震加固修复作业”。

① 在对自重大的机器（变压器等）进行固定时，应采用“防振装置”并设置“防倾倒止动器”。

防倾倒止动器的作用与种类如图 8.4 所示。因该止动器是为防止采用防震支撑的机器设备本体移动、倾倒而设置的，所以设置的缝隙应以机器运转时不与机器相碰的最小限度的缝隙为限。止动器包括防止移动型（L 状钢板型）、防止移动及倾倒型（折线形钢板型及贯穿螺栓型）等各种种类。

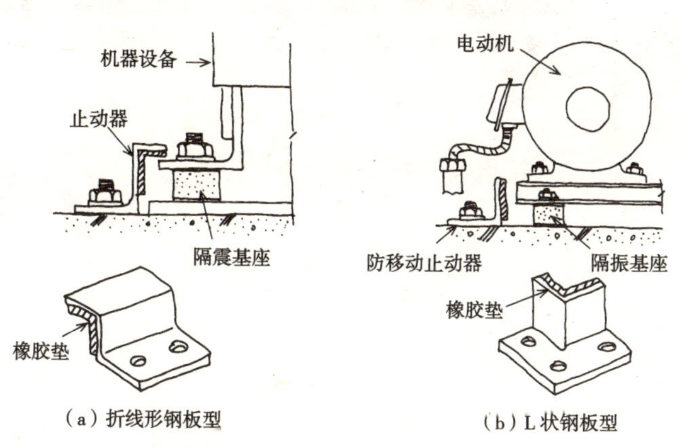

图 8.4　防止移动型抗震止动器

② 配电盘(独立型)等应根据需要增加用“锚固螺栓”等进行固定的固定部位。

“配电盘”是指为能使电气设备顺利运行，将开关、断路器、必要的计量仪器、熔断器和端子等必不可少的器件安装在单块大型面板、面板组合或铁箱内，通过配线进行接线的装置。有“独立型”和“壁挂型”两种。

③ 关于防止配电盘倾倒的措施，不仅可以增设下部的固定部位，而且还可以根据需要对上部进行抗震支撑处理。

④ 对于接近充电部分的部位，可采取绝缘隔垫等“防短路措施”。

图 8.5 是未用抗震止动器等进行抗震支撑而造成变压器倾倒、受损的案例。

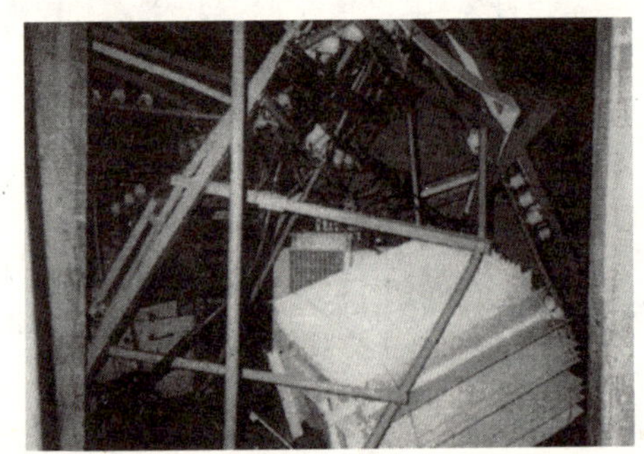

图 8.5　因未进行抗震固定造成的变压器倾倒案例

在抗震方面应对变压器与配电线的连接部分做哪些考虑?

Answer 正如前面已经论述的那样，送变电设备是电气设备的核心。因此在抗震方面，对变压器与配电线的连接部分加以特别的研究是必不可少的。一般按照建筑的规模,送变电设备包括低压送变电设备（200V・100V)、高压送变电设备（6.6kW)、超高压送变电设备（22kW・66kW)。

图 8.6 表示的是送变电设备的概要情况，而且送变电设备的各种机器中最重要的设备就是“变压器”。

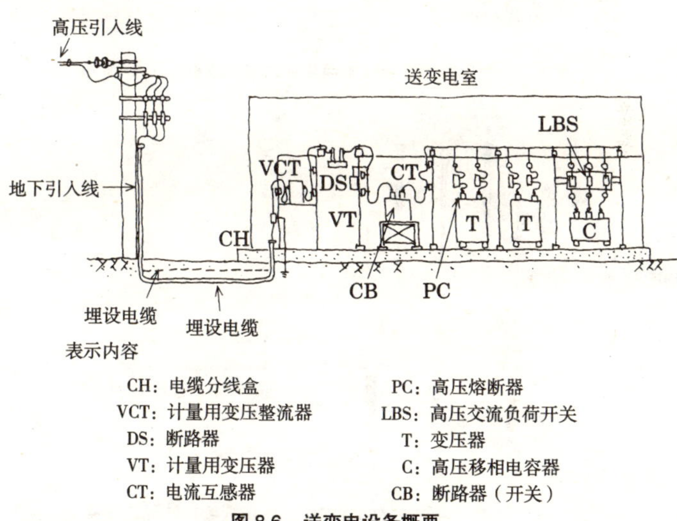

图 8.6　送变电设备概要

因此正如图 8.7 所示，变压器必须考虑抗震并安设隔震装置（隔震橡胶垫)，而且要装有防移动、防倾倒型止动器，确保留有一定的余隙，以吸收上部的位移量。而且还应加强变压器本身的抗震性能，在二次导体上设置“挠性导体”。同时为防止发生短路，还应留有一定余长并采用“电气绝缘措施（绝缘筒、绝缘管、绝缘隔板等)”进行绝缘。图 8.8 是与使用挠性导体的配电盘进行连接的示例，图 8.9 是与确保电线余长的蓄电池进行连接的示例。

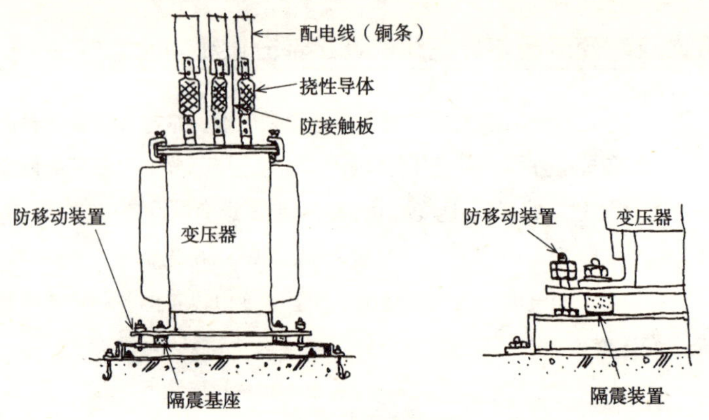

图 8.7　变压器的抗震设置与连接配线工程的施工示例

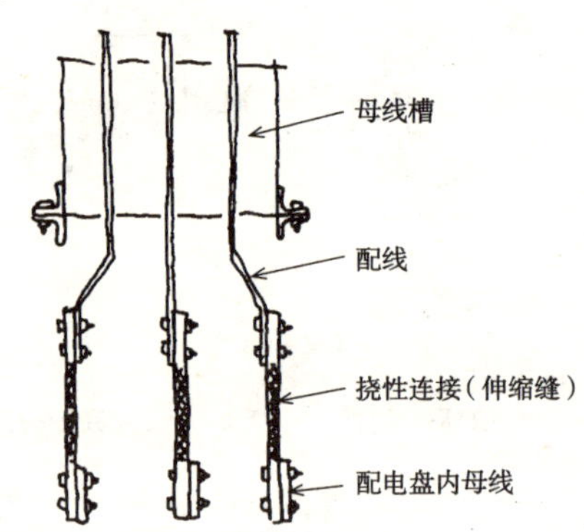

图 8.8　与使用挠性导体的配电盘进行抗震连接的配线作业

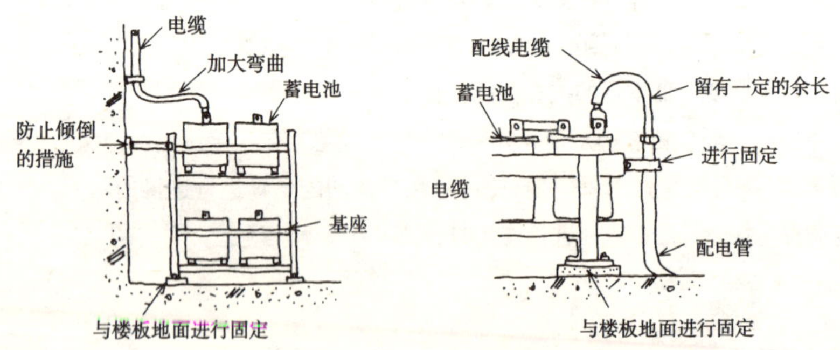

图 8.9　与蓄电池设备进行抗震连接的配线作业

电气配线的抗震支撑应如何进行?

Answer 为能抑制地震时过大的轴向位移，应对电气的横向配线等进行抗震支撑处理。另外为防止地震时建筑物晃动造成滑动、坠落、破损等，还应用支撑铁件牢固地安装在梁、墙壁、地面等“建筑结构体”上。

(1) 抗震支撑的种类

抗震支撑的种类有SA类、A类、B类3种。SA类及A类的抗震支撑是由地震时作用于支撑材料的拉伸力、抗压力、弯矩的各相对应的构件构成的。

另外，B类抗震支撑材料是由吊装材料、中心架斜撑材料中的拉伸材料（钢筋、扁钢）构成的。

(2) 电气横向配线的抗震支撑方法（表8.2）

1）与抗震强度等级A级、B级相对应的电气配线

① 顶层、屋顶、屋顶间的支撑间距应按约12m以内设置一处，采用A类抗震支撑或B类抗震支撑。

② 中间层、地下层、一层采用通常的施工方法即可。

电气横向配线的抗震支撑方法　　　　表8.2

<table>
<tr><th rowspan="2">设置场所</th><th colspan="2">电气配线</th></tr>
<tr><th>与抗震强度等级S级相对应</th><th>与抗震强度等级A、B级相对应</th></tr>
<tr><td>顶层、屋顶、屋顶间</td><td rowspan="2">电气配线的支撑间距每隔12m一处、SA类设置</td><td rowspan="2">电气配线的支撑间距按每隔12m一处、A类或B类设置</td></tr>
<tr><td>中间层</td></tr>
<tr><td>地下层、一层</td><td>电气配线的支撑间距按每隔12m一处、A类或B类设置</td><td>以通常的施工方法为准</td></tr>
<tr><td colspan="3">当为以下任意一种情况时，不在上述条件之列</td></tr>
<tr><td></td><td colspan="2">(1)为ø82以下的单独电线管；
(2)为周长80cm以下的金属电缆沟及组合电气配管；
(3)为额定电流600A以下的母线槽；
(4)为吊挂长度平均为30m以下的电气配管</td></tr>
</table>

2）与抗震强度等级 S 级相对应的电气配线

① 顶层、屋顶、屋顶间的支撑间距应按约 12m 以内设置一处，采用 SA 类抗震支撑。

② 中间层、一层、地下层应按约 12m 以内设置一处，采用 A 类抗震支撑。

3）不在抗震支撑使用范围内的电气配线

参见表 8.2。

（3）建筑物伸缩缝部位的电气配线

在对建筑物的伸缩缝部位进行电气配线时，为能适应建筑物的相对位移量，应留有一定的“余长”（图 8.10）。

另外，因建筑物顶层的相对位移量较大，所以建议最好采用将主要配管等从建筑物下层部位的伸缩缝穿过的施工方法。

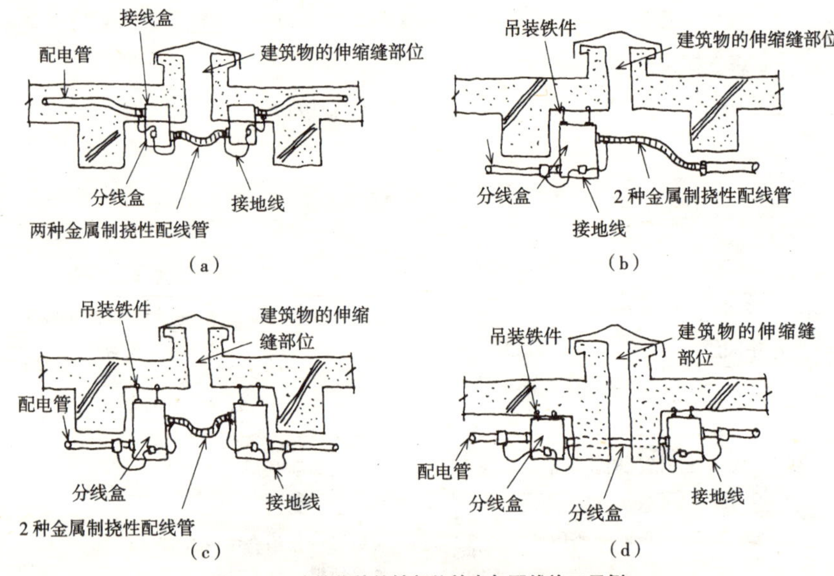

图 8.10　建筑物伸缩缝部位的电气配线施工示例

对干线电缆架进行抗震施工时都有哪些注意事项?

Answer

建筑物干线的配线方式主要有以下 6 种:

① 金属管配线工程

② 合成树脂配线工程

③ 金属制挠性配线工程

④ 金属线槽配线工程

⑤ 金属线配线工程

⑥ 电缆配线工程

因⑥电缆配线工程中的电缆线不用截断便可以直接搬运,所以具有(a)布线工程简单;(b)抗震性能好;(c)用电可靠性高等优点。但另一方面当发生事故或损伤时,则具有下述缺点:(1)很难进行部分的修理;(2)直角的弯曲度加大;(3)表面效果系数大、单位面积的电流密度小。

但是,电缆配线工程适用于负荷分布比较均匀的情况。经常采用的布线方法为图 8.11 所示的“干线电缆架”方式。

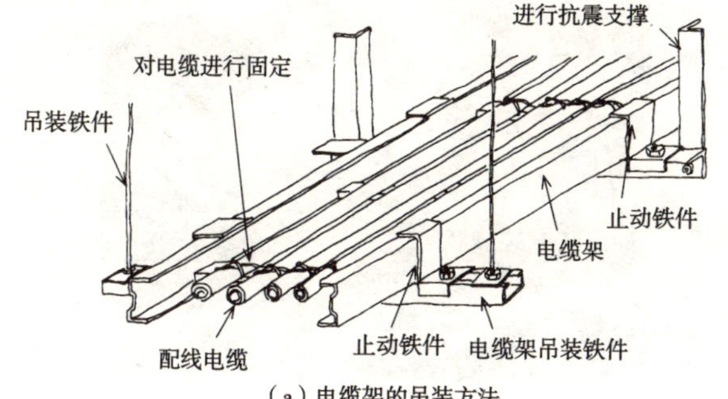

(a)电缆架的吊装方法

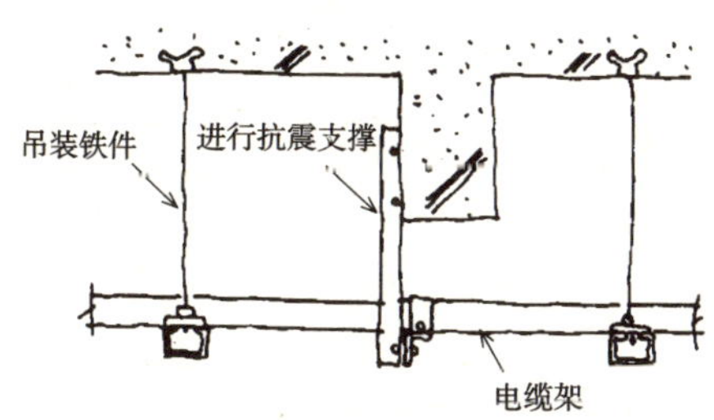

(b)电缆架的抗震支撑方法

图 8.11　干线电缆架与抗震支撑施工示例

当采用这种电缆架时，宽 400mm 以下的电缆架可不进行抗震支撑。但是对于宽 400mm 以上的电缆架，则应采用与电气配线相同的施工方法。图 8.12 是未对电缆架进行抗震固定处理，以致在地震时发生坠落损伤的一个实际例子。

图 8.13 就是对电缆架进行抗震固定处理的一个实际例子。

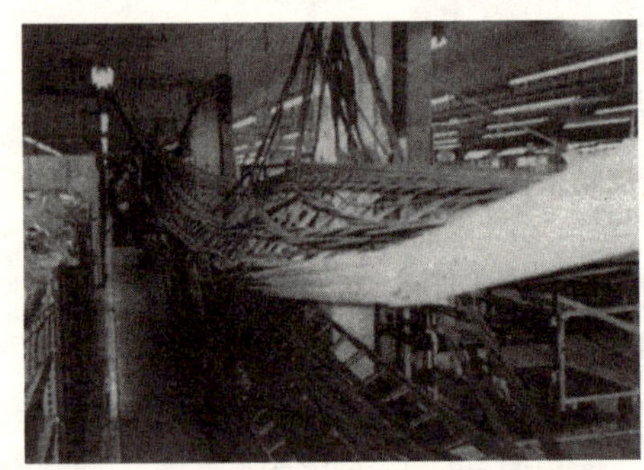

图 8.12　干线电缆架在地震的作用下发生坠落损伤事故

图 8.13　进行抗震固定处理的干线电缆架

在地震发生时“备用发电机”都会出现哪些故障?

Answer

自备发电设备中包括“紧急时运转用”和“常时运转用”两种。紧急时运转用的自备发电机(以下称“自备发电机”)是在地震或其他事故原因等造成“供电电源(商用电源)”停电时确保人员生命安全的装置,是供重要机器设备等用的“应急电源”。另外,也已成为符合“建筑基本法规定的备用电源”及“消防法规定的应急电源”的设备。

图 8.14 是 300kVA 自备发电设备的示例。在采用柴油发电机的事例中,因设备主机是可从外部看到的开放式主机,所以亦称为“开放型发电装置”。

另外,因“组合式(package)发电装置”的容量在 250kVA 以下,所以也叫做“隔离式(cubicle)发电装置”。

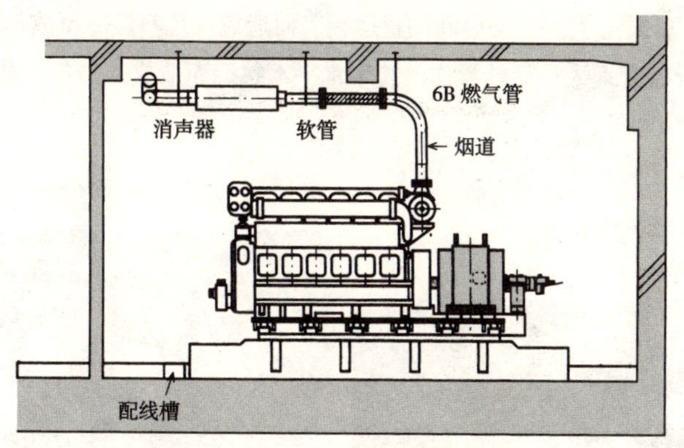

图 8.14 300kVA 开放型自备发电装置

在 1995 年 1 月 17 日发生的日本兵库县南部地震(阪神 · 淡路大地震)等案例中,应急用自备发电设备发生的事故主要表现在以下几个方面:

① 自备发电机的“设置基础螺栓”不良引起的设备移动事故。

具体的措施可按图 8.15 所示,将发电机牢固地固定在混凝土基础上。

② 自备发电机用的烟道、消声器脱落事故。

正如图 8.14 所示,自备发电机中的烟道、消声器是不可缺少的设备。在图 8.16 的实例中,因未对烟道及消声器进行抗震支撑处理而引起烟道、消声器破损脱落。在图 8.17 的实例中则是用抗震补强材料直接将烟道与建筑物主体进行了支撑处理。

图 8.15　对自备发电机进行抗震支撑处理

③ 自备发电机冷却水系统的配管发生断裂事故。

④ 因自备发电机“自动启动搁置运转”而造成的燃料燃尽事故。

⑤ 因设备管理人员运转操作的技术水平不熟练而造成的自备发电机不运转事故。

图 8.16　自备发电机烟道、消声器发生脱落事故

图 8.17　对烟道进行抗震支撑处理

自备发电设备抗震设计的指导方针着眼点都包括哪些内容?

自备发电机及附属电气设备的止动器以及配管支撑构件等应通过锚固螺栓或其他方法固定在设备基础或建筑物主体上（建筑物楼板的上面、顶棚楼板的下面、混凝土墙面等）。

《自备发电设备抗震设计指导方针》中锚固螺栓的着眼点如下：

① **埋入式锚固螺栓（图 8.18）**：一种在浇筑基础混凝土之前先决定锚固螺栓的准确位置，并在浇筑混凝土的同时将锚固螺栓安装在基础混凝土内的方

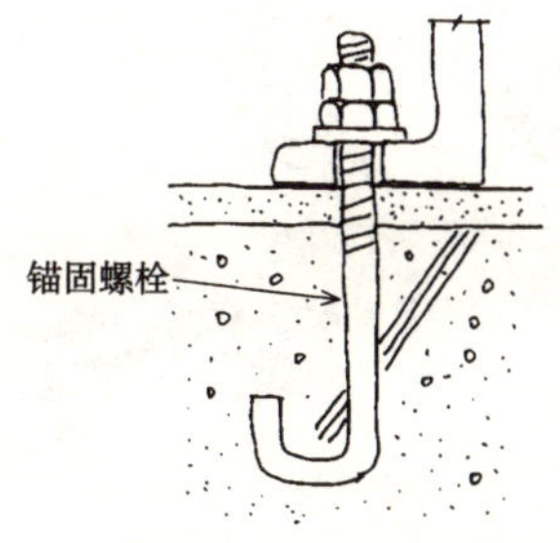

图 8.18　埋入式锚固螺栓

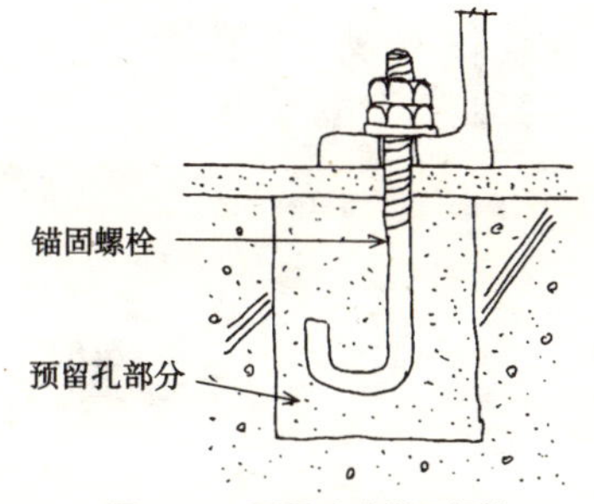

图 8.19　预留孔式锚固螺栓

② **预留孔式锚固螺栓（图 8.19）**：一种在浇筑基础混凝土时预先即留出安装锚固螺栓用的“预留孔”，在安装设备等时埋入锚固螺栓，并用砂浆等对锚固螺栓进行固定埋设的方式。

③ **金属膨胀螺栓（图 8.20）**：一种利用钻头等在主体混凝土面上按规定开好孔，并将具有扩张部的金属螺栓放入孔内后，使螺栓下部呈机械性扩张，以实现与混凝土固定的方式。

金属膨胀螺栓有外螺纹型（螺母与螺栓一体化）和内螺纹型（螺母与螺栓分开）两种类型，其强度有明显的不同（M10 外螺纹型的长期允许拉伸力为 2.5kN，M10 的内螺纹型的长期允许拉伸力则为 0.5kN）。

④ **粘结类锚固螺栓（图 8.21）**：一种用钻头等在主体混凝土面上开好孔后，将装有树脂及硬化剂、骨料等的玻璃管状容器插入孔内。然后在通过冲击钻等击打旋转将螺栓送入孔内的同时使树脂硬化剂、骨料及粉碎的玻璃管等混合、硬化，利用其所具有的粘结力进行固定的方式。

注：③与④也被称为“后施工螺栓”。

⑤ **钢制预埋件**：一种在浇筑混凝土时将带有螺纹的铁件埋设好，并将支撑配管等的吊装螺栓等拧入使用的方法（M10 的长期允许拉伸力为 2.0kN）。

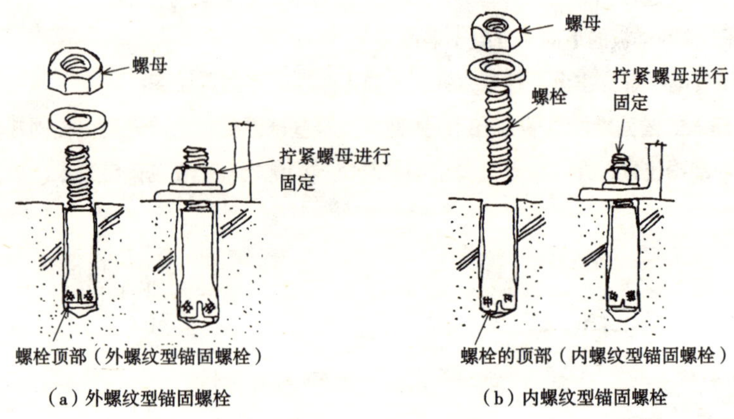

（a）外螺纹型锚固螺栓　（b）内螺纹型锚固螺栓

图 8.20　金属膨胀螺栓

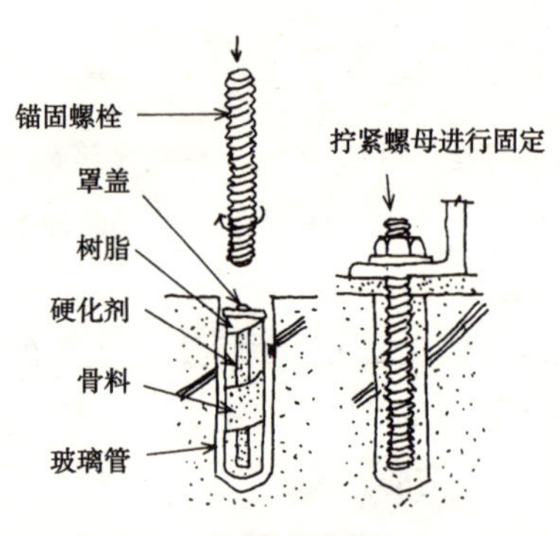

图 8.21　粘结类锚固螺栓

地震发生时“供电的恢复”及“通信、网络的恢复”会是什么样的?

Answer

(1)地震发生时的供电恢复

大地震发生后的供电状况到底会是什么样?这依地震的发生地、地震发生的时间段、气象条件等而千差万别。如果从日本新潟地震(1964 年,M7.5)、日本宫城县海底大地震(1978 年,M7.4)、日本兵库县南部地震(阪神 · 淡路大地震)(1995 年,M7.3)等大地震发生后商用电力恢复时间推测,虽从地域等考虑有其特殊性,但正如图 8.22 中所示大约需要 3 天左右的时间供电才能得到恢复,而商用电力除特殊情况外一般需要 1 周的时间才能恢复。

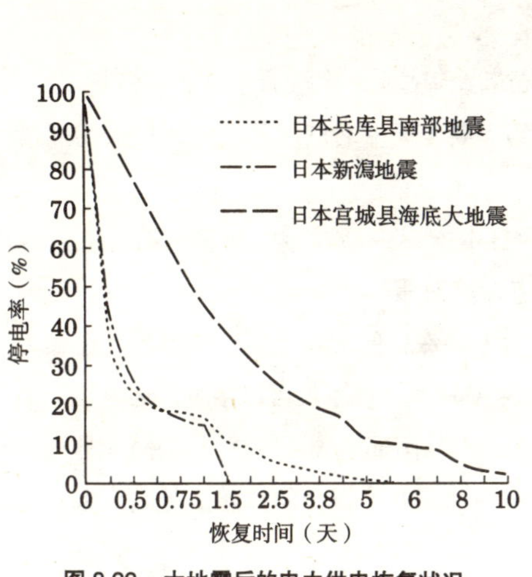

图 8.22 大地震后的电力供电恢复状况

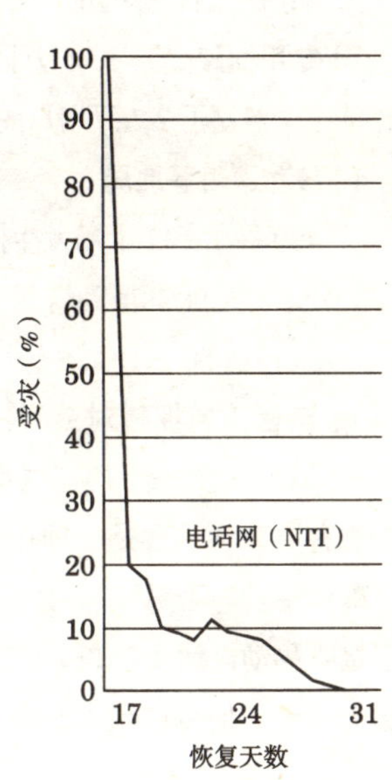

图 8.23 广域电话网的恢复状况(日本兵库县南部地震)

(2)地震发生时的通信、网络恢复

对于广域电话网遭受破坏后的恢复状况也因地震的发生地、地震发生的时间段、气象条件等而有所不同。图 8.23 表示日本兵库县南部地震(阪神 · 淡路大地震)时的电话网恢复状况。

下面对上述案例做一个详细的说明。

1）电话局交换机

① 因8处交换机停电而造成瘫痪，直至第二天（1995年1月18日）上午地震后的30个小时才恢复功能。

② 神户市内144万人中有28.5万用户的电话不通，其中18万用户在14～19个小时后才恢复通信。

③ 因4处中继局停电而造成11万用户18小时电话不通。

④ 因无线呼出电话交换机停电而造成17万用户17个小时的故障。

2）用户电缆

① 因电线杆、建筑物等遭到破坏、火灾，致使19.3万用户的线路中断。

② 除房屋倒塌等的部分外，经过约2周的时间才恢复了10万用户的电缆。

3）专用回路 室内3.5万回路中3000～4000用户的线路出现故障，经过约2周的时间才恢复了2.7万用户的线路（建筑倒塌部分除外）。

4）移动通信基地局

① 450局中145个局发生停电及断线等故障，约1周后才得到恢复。

② 受灾的90%得到恢复，大约需要4天左右的时间。电话信道的拥堵程度最初达50倍，第3天即降至近20倍。

5）电话信道拥堵对策 NTT西日本推崇一项通过大地震时的受灾留言声讯台——“117”所采用的“电话信道拥堵对策”。

这种灾时声讯台是一种在地震时因特殊目的应运而生、在世界上也较为罕见的“确认平安与否系统”。另外，这种灾时声讯台不仅可以接听普通电话，而且也可以接听移动电话及PHS。虽然日本兵库县南部地震（阪神 · 淡路大地震）的灾情极为惨烈，但可以说以此为契机出现的灾时声讯台的“通信基础设施”是新担任的公共性任务之一。

防止照明器具坠落的措施都包括哪些内容？

Answer 据日本电气设备学会的调查报告，在1995年1月发生的兵库县南部地震（阪神 · 淡路大地震）中照明器具遭到的破坏是比较轻的（表8.3）。

对照明器具受损状况的分析（日本电气设备学会调查结果）（单位：件）　表8.3

	脱落 垂吊 倾斜	破损 损伤 断裂 弯曲	坠落 倾倒	构件坠落	倾斜 移动 变形 凹陷	绝缘差 不亮灯	合计
埋设DL	8	2	3	3	4	—	20
悬吊式	3	3	—	2	—	1	9
室外器具	1	1	2	—	—	—	4
吸顶式	1	2	—	—	—	1	4
不明	2	5	1	—	—	2	10
合计	15	13	6	5	4	4	47

注 1：表中为地震烈度7度地区的88件来自日本电气设备学会对受灾状况的调查结果。
2：总计受损件数17件，受损率53%。
3：单位为件数，同一建筑物中同一型号同一受损程度的器具为数台1件。

但是，因照明器具大多都安装在头顶之上，故发生坠落时引起次生灾害的可能性很大，即使不严重但也应确保具有百分之百的安全性。

在此之后，日本照明器具工业会对提高照明器具的抗震性能一事进行了研究，于1996年制定了技术资料127《照明器具的抗震设计指导方针》，并于2004年进行了修改。照明器具中包括悬吊式照明器具、吸顶式照明器具、嵌入式照明器具及其他（装饰花灯等）。

但是，照明器具相当于轻型设备，如果按照《建筑设备 · 设计指导方针》对顶棚基底进行认真的施工，并确实按照明器具生产厂家指定的方法进行安装，基本上就不会出现什么问题。

下面，我们就以图示的形式对照明器具安装的抗震处理分别做一下介绍。

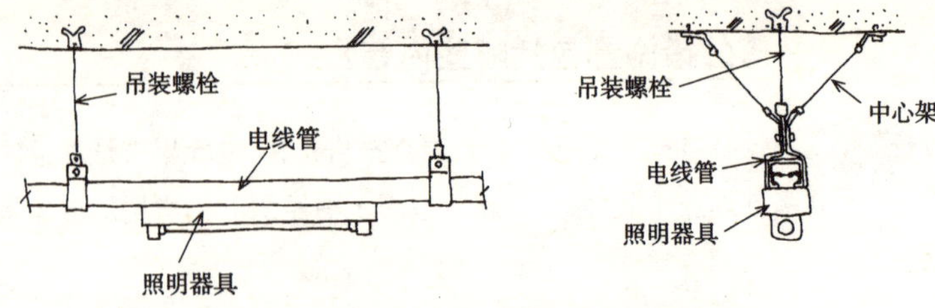

图 8.24 悬吊式照明器具的安装方法（电线管施工法）

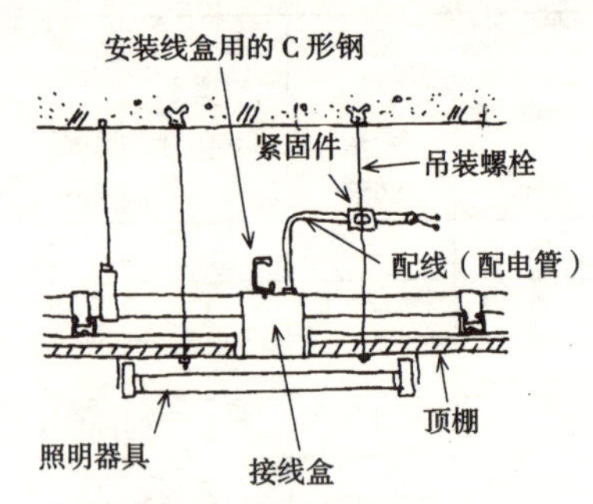

（a）安装顶棚吊装螺栓施工示例

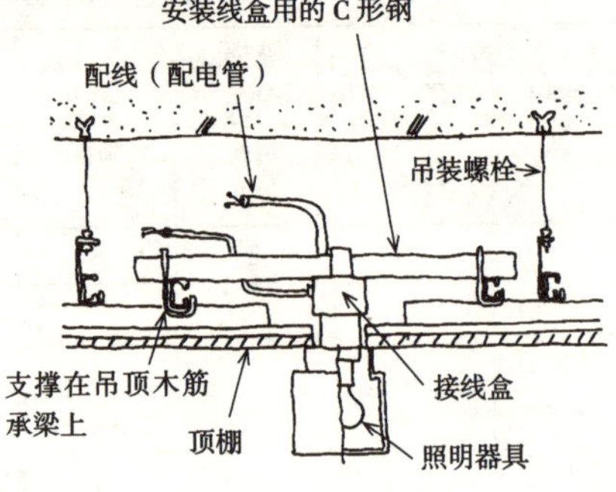

（b）利用顶棚材料进行安装的施工示例

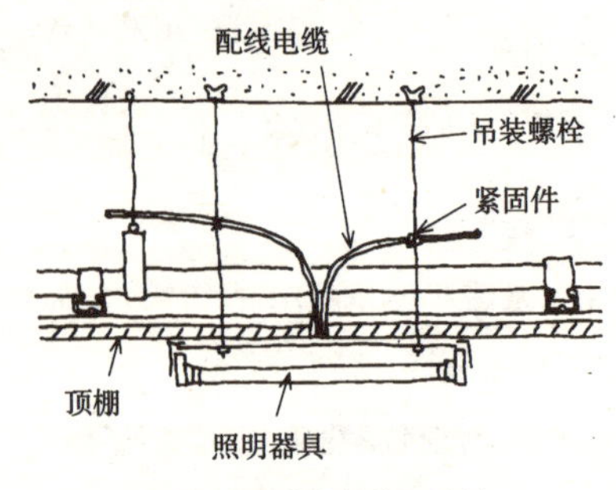

（c）安装顶棚吊装螺栓施工示例
（电缆配线时）

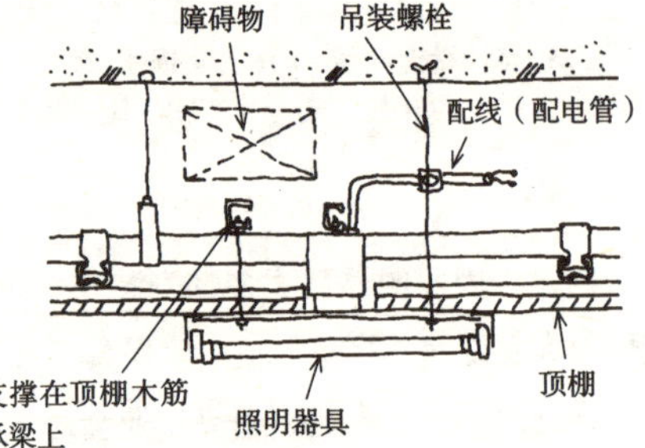

（d）利用顶棚材料进行安装的施工示例
（有障碍物时）

图 8.25 在露明顶棚安装照明器具的施工示例

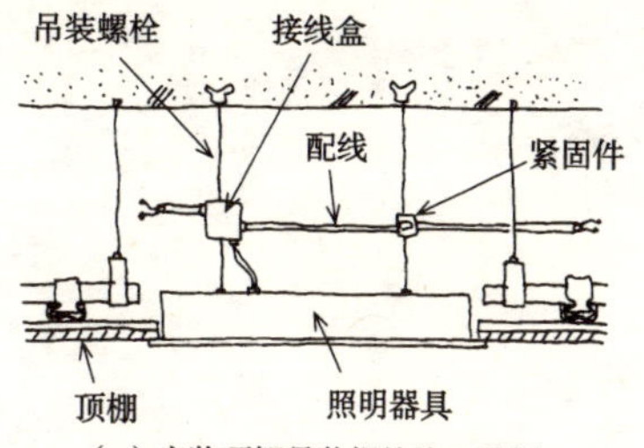

（a）安装顶棚吊装螺栓施工示例

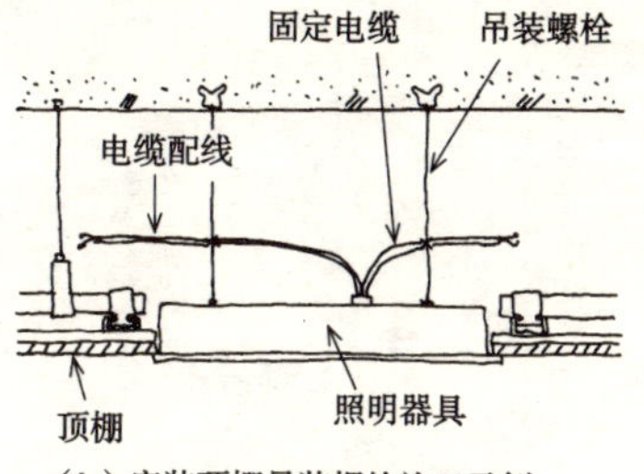

（b）安装顶棚吊装螺栓施工示例

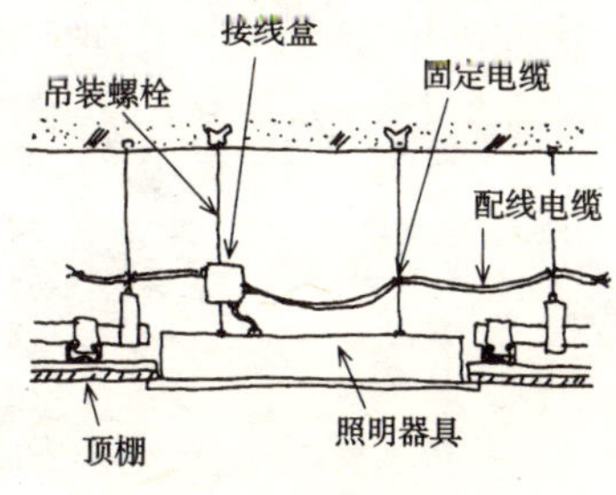

（c）安装顶棚吊装螺栓施工示例

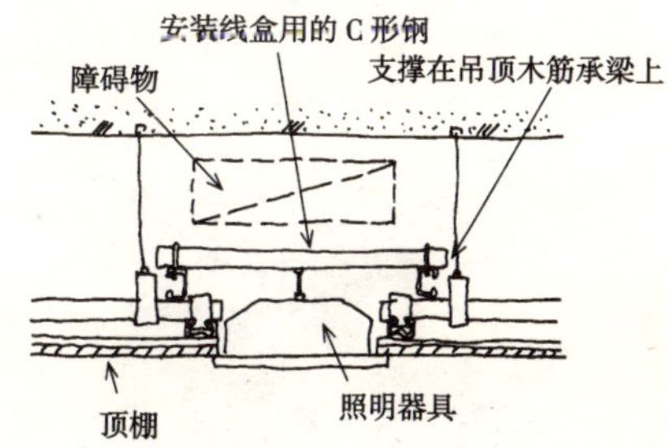

（d）有障碍物时的安装施工示例

图 8.26　对顶棚嵌入式照明器具进行安装的施工示例

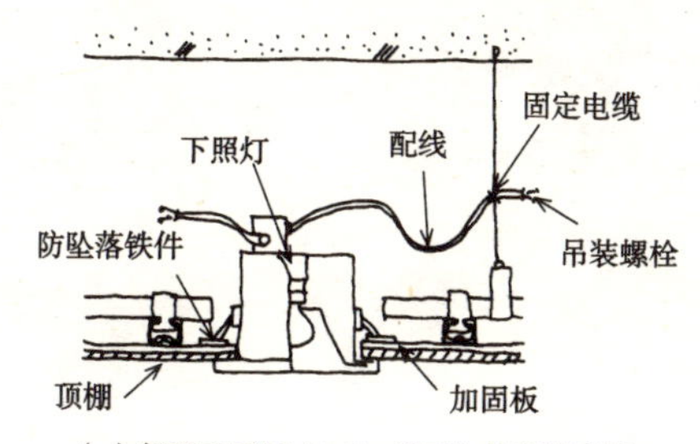

（a）轻型下照灯（1.5kg 以下）的安装示例

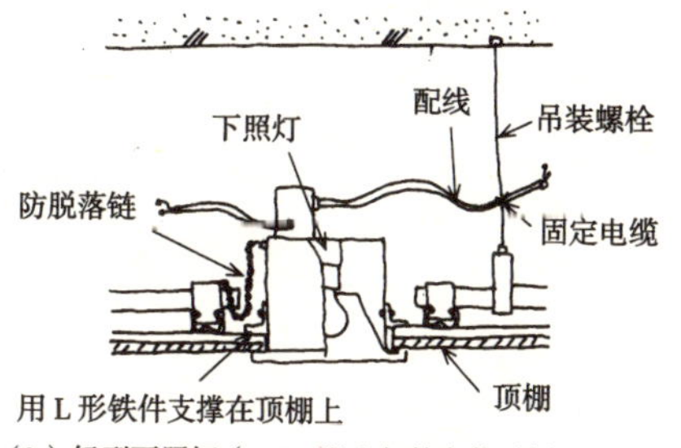

（b）轻型下照灯（1.5kg 以上）的安装示例

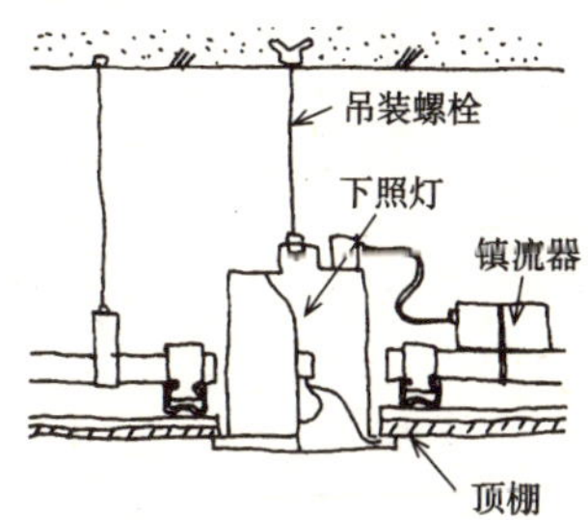

（c）其他下照灯（不含轻型下照灯）的安装示例

图 8.27　安装下照灯的施工示例

第9章 关于升降机设备的Q&A

对升降机设备进行“抗震诊断”的着眼点包括哪些内容?

Answer 首先应将升降机设备进行“抗震诊断”的着眼点放在“电梯是哪年安装的”。这是因为与《建筑标准法》相同,《电梯的抗震标准》也是在汲取了以前发生的地震灾害等教训的基础上不断修改完善的。虽然我们要在后面进行论述，但现在（1998年以后）已进入了“最新抗震标准”时代，不过电梯的抗震标准并不是“追溯既往法”。

因此,特别是1981年之前安装的电梯属于“旧抗震标准”以前的设备,所以“抗震加固修复工程”是不可缺少的。

表9.1表示“升降机抗震设计标准的变迁”。这种变迁大致可分为4个阶段。

① 1971年以前：电梯厂家的自我标准时代。

② 1972年以后：旧抗震标准时代　以1971年发生的美国圣费尔南地震（M6.4）为契机，日本电梯协会制定了《升降机防灾对策标准》。

③ 1981年以后：新抗震标准时代　汲取了1978年发生的日本宫城县海底大地震（M7.5）的教训，对日本建筑中心主编的《电梯抗震设计 · 施工指导方针》进行整理，公布了《升降机技术标准解说（1981年版）》。

④ 1998年以后：最新抗震标准时代　以1995年发生的日本兵库县南部地震（阪神 · 淡路大地震，M7.3）为契机，除电梯的抗震标准外还对自动扶梯的抗震标准进行了重新审视，1988年《升降机抗震设计 · 施工指导方针》出台。

在对已有的电梯抗震对策进行考虑时，首先应掌握电梯所依据的《抗震标准》。对于遵照1981年6月开始实施《建筑标准法实施令》(修订)(新抗震标准)后的《抗震设计 · 施工指导方针》安装的电梯，可根据“建筑物确认申请书”附件“电梯设计书”、“强度计算书”、“抗震设计书”等中所记载的内容加以确认。

此外，虽然具体的抗震诊断标准及抗震修复要领在《建筑设备 · 升降机抗震诊断标准及修改指导方针》[1996年版，日本建筑设备 · 升降机中心]中有所记载，但应以建筑物的建造地基、建筑结构的强度及电梯的设置方法、组装图等图纸及现场调查结果为基础，对所设置的装置或设备，以及设置状况加以确认，并对各个电梯采取必要的措施。

在“新抗震标准”的实施（1981年6月1日）后的已有建筑物中，由用途

升降机抗震设计标准的变迁 **表 9.1**

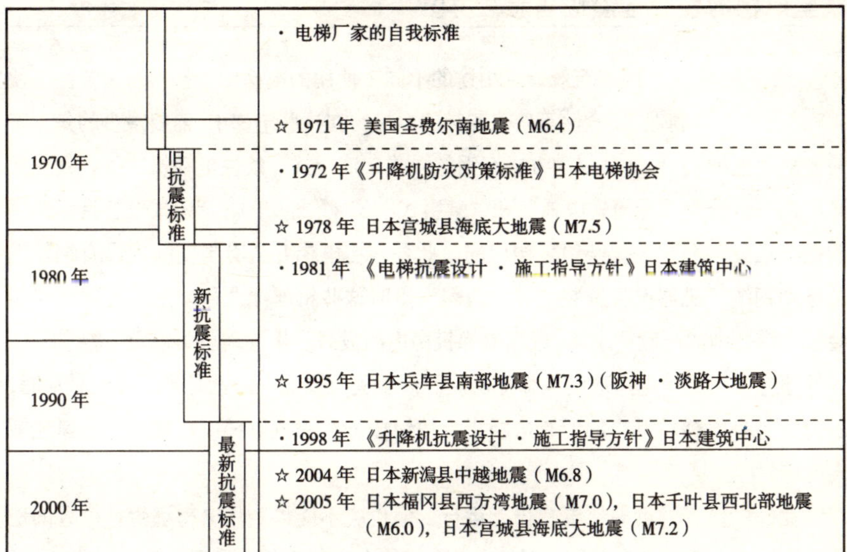

及规模等决定的“特定建筑物”（参见第 2 章 Question 1 中的“名词解释”）应根据 1995 年制定的《关于促进建筑物抗震修复的法律法规》（抗震修复促进法）及 2006 年开始实施的《抗震修复促进法》（修订）随时进行抗震诊断，而且在将根据需要进行的抗震修复作为“建筑物所有者”义务的同时，地方公共团体也应加强指导。

总之，作为目前的社会需求，不仅应当对“特定建筑物”，而且还应对已有的电梯进行“准确的抗震诊断”，并针对诊断结果进行震后的修改恢复。

乘坐电梯时发生地震应当怎么办?

Answer 因建筑规模及用途的不同，使用的电梯中包括具有观赏性、便利性、安全性等功能各异的电梯。在这些电梯中，需要最多的是“普通型乘用电梯”，另外其驱动方式有钢丝绳式、液压式、线性电动机式等。钢缆式又可进一步分为“卷筒式电梯”和“牵引式电梯”（图 9.1）。牵引式电梯是将精密的机器设备与装置经复杂组装构成的。此外，在电梯井的有限空间内设有钢丝绳及移动钢缆、机器设备及装置等。地震发生时这些钢丝绳及移动钢缆等就有可能会被电梯井内的凸起物剐坏，或因电梯机房内的设备发生移动、倾倒等而遭到损坏。另外还应考虑到停电造成的电梯停运。所以至关重要的一点就是当感觉到晃动时，首先就应将电梯轿厢内的所有选层指令按钮按下，一旦电梯停靠便立即迅速地撤离电梯。

此外，地震过后即使电梯仍能运行，但也决不能再利用电梯逃生。巨大的地震发生后还会不断出现余震，而且电梯也可能会有什么部位受到破坏。

万一被困在电梯内也不要强行从电梯轿厢内撤离，否则就有可能发生电梯坠落事故等意想不到的次生灾害，非常危险。电梯轿厢内必须装有与外界联系的装置（对讲电话）。一旦停电应立即通过紧急蓄电池点亮电梯内的紧急照明。这时应保持清醒冷静的头脑，掌握情况并迅速与外界联系等待救助。

为确保地震时乘梯者的安全，使灾害减至最小限度，已装电梯应采取符合最低限度、最新标准的抗震措施，并让电梯的生产厂家与电梯维修公司在电梯中安装一感到晃动时电梯便可自动停靠在最近楼层的安全装置（地震时运行控制装置）。特别是没有采用抗震对策的已装电梯，最好尽快采用合适的抗震对策。

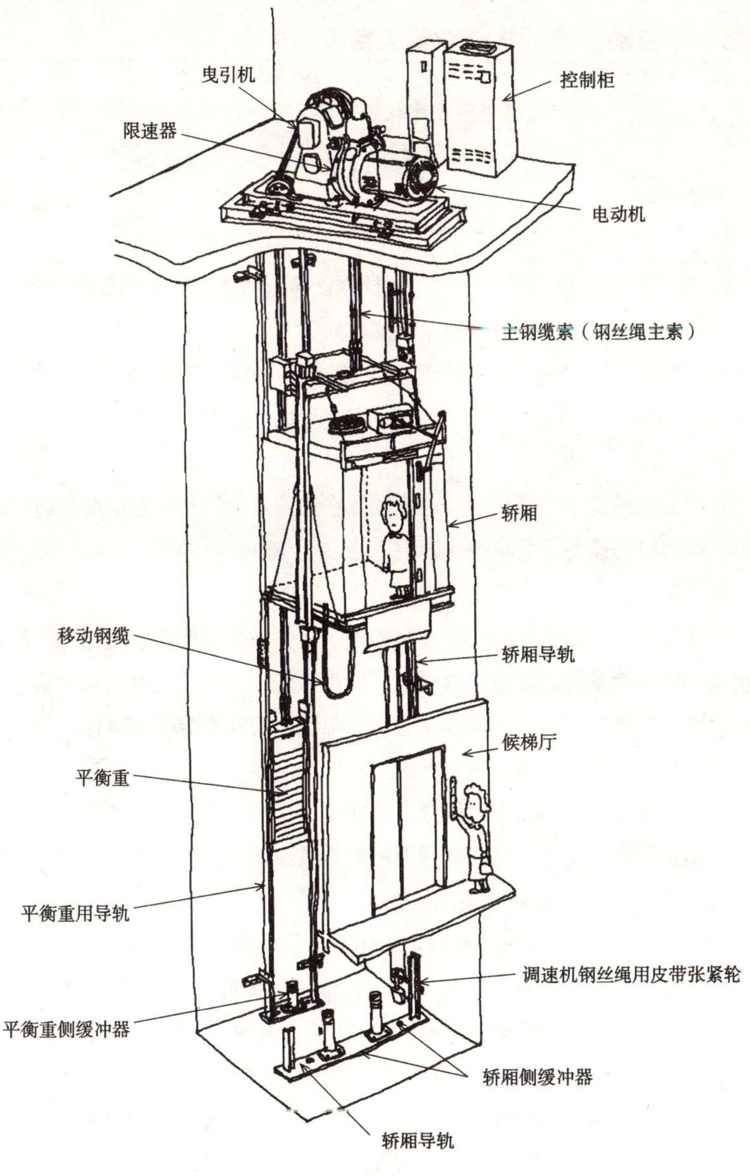

图 9.1 牵引式电梯结构简图

电梯以及自动扶梯的抗震对策包括哪些内容?

Answer 目前已经按照建筑物抗震安全性的思路对升降机采取了抗震对策,在《升降机抗震设计 · 施工指导方针》中对“抗震安全性指标”做了下述规定:

(1)升降机的安全性指标为:对于预计在该建筑物使用年限中多次遇到的强烈地震,应在震后不会出现故障可以继续运行。

(2)电梯的安全性指标为:对于预计在该建筑物使用年限中偶尔遇到的强烈地震,虽然震后机器设备会受到损伤但仍可以确保乘客的安全。

自动扶梯的安全性指标为:对于预计在该建筑物使用年限中偶尔遇到的强烈地震,虽然机器设备会受到损伤,但不会发生与建筑物的梁等支撑材料的固定松动以致坠落。

也就是说对于日本气象厅的地震烈度5度弱的强烈地震,地震后经过检查电梯便能立即继续运行,而在日本气象厅地震烈度5度强以上的地震中则可将设备的过大变形或损伤、脱落等抑制在最小的限度,而且为能确保乘梯者安全有必要进行抗震设计、施工。当然还应考虑到作用于电梯井各部位的强制变形力,为防止在日本气象厅地震烈度5度强以上的地震中建筑物变形造成的强力(外力)变形及扭曲致使电梯受损,妨碍电梯乘梯者紧急疏散,应确保电梯的抗震性能。在上述的《升降机抗震设计 · 施工指导方针》中,在规定地震烈度5度强以上地震的作用下产生的建筑物层间位移角为1/100(根据建筑物的结构为1/200)。

在根据建筑物以及电梯的用途对电梯能够迅速恢复功能的要求加以考虑后,可以设定下述3种抗震强度等级(S、A、B),并制定抗震的安全性目标。

抗震强度等级S:除必要的最低限度的安全性外,以能迅速恢复电梯井内设备及机房内设备的功能为目的。

抗震强度等级A:除必要的最低限度的安全性外,以能迅速恢复电梯井内设备的功能为目的。

抗震强度等级B:以确保最低限度的安全性为目的(标准等级)。

可以说为保证乘梯者能尽早避难和防止设备损伤扩大，除应对电梯采取这些抗震设计及施工的对策外，还应配备可与地震感应器联动的地震时运行控制装置，以在地震发生时通过该装置使正在运行的电梯能在第一时间停靠在距运行最近的楼层。

自动扶梯的结构如图 9.2 所示。与电梯不同的是，即使自动扶梯在地震时停止运行，乘梯者也可以利用自动扶梯的梯级逃生，而且在修理方面也不会像电梯那样要求十万火急，所以我们应以防止自动扶梯与建筑物的梁等处的紧固松动为目的，按照上述的指导方针采取将层间位移角设为 1/100 的抗震设计。

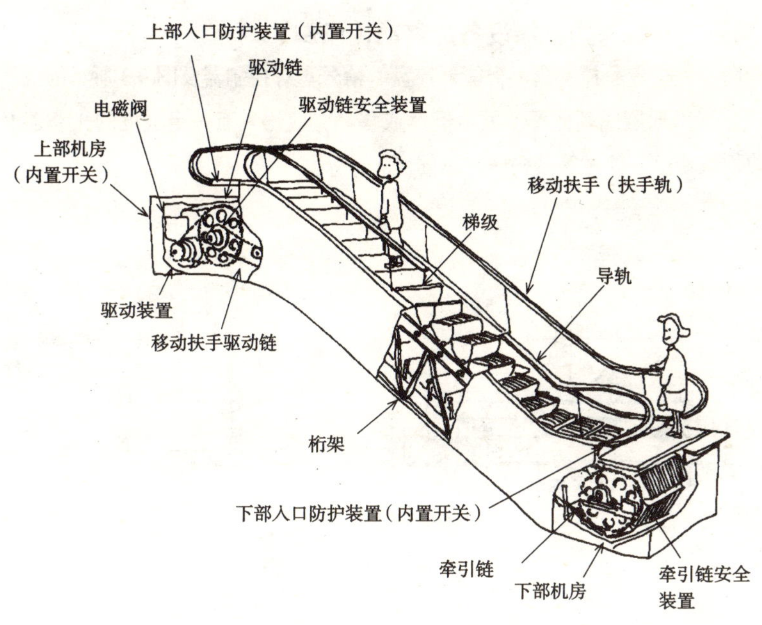

图 9.2　自动扶梯结构简图

电梯以及自动扶梯的具体的抗震对策都包括哪些内容？

Answer 抗震对策的内容应像下述的那样，对“防止电梯机房内机器设备的移动、倾倒”、“防止电梯轿厢、平衡重脱轨”、“防止电梯轿厢移动钢缆及钢丝绳类被刷”等措施加以实施。

（1）电梯的抗震设计

在进行抗震设计、施工时，设计用地震力作用于电梯各部的机器及构件产生的应力及变形应分别在材料的允许应力以下和在规定的允许范围内。另外，为防止电梯轿厢或平衡重脱轨，还应对导轨的应力及变形是否在允许的范围内加以确认。

（2）防止电梯机房内机器设备的移动、倾倒

为防止配电盘、控制盘、智能群控盘、信号盘等控制器及图 9.3 所示的曳引机等驱动装置因地震或其他振动发生倾倒或移动，应用具有一定强度的止动器及支撑与地板或墙壁、顶棚等结构体加以固定。

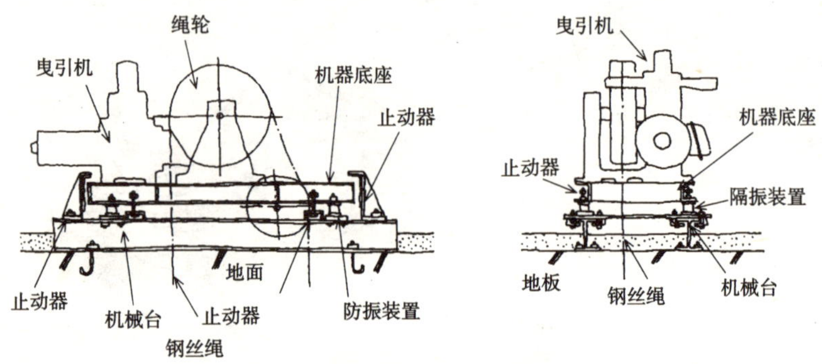

图 9.3 防止曳引机倾倒（止动器）

这时作为地震力，可用《升降机抗震设计 · 施工指导方针》中规定的设计用水平烈度及设计用垂直烈度对安全性能进行确认。

设计用地震力是利用常用的局部烈度法通过计算求得的。设计用水平烈度是机器质量乘以设计用标准烈度 K_S、地区系数及用途系数后求出的。另外，为对机房设备倾倒的安全性进行确认，还应考虑设计用垂直地震力，其值可按设计用水平烈度的 1/2 求出。

(3) 防止从钢丝绳的绳轮等脱落

为防止主钢缆索(钢丝绳主索)因地震等的振动而从绳轮上脱落，应采用合适的绳轮等结构，为此应对绳轮等轮槽的尺寸进行确认并采取安装钢丝绳防护罩等措施(图 9.4)。另外所谓的“绳轮等”除驱动绳轮外还包括偏导器轮或平衡重的悬吊滑轮，而且对于非主索的重要因素——调速机钢丝绳及曳引钢丝绳的绳轮、皮带张紧轮也应采用同样的措施。

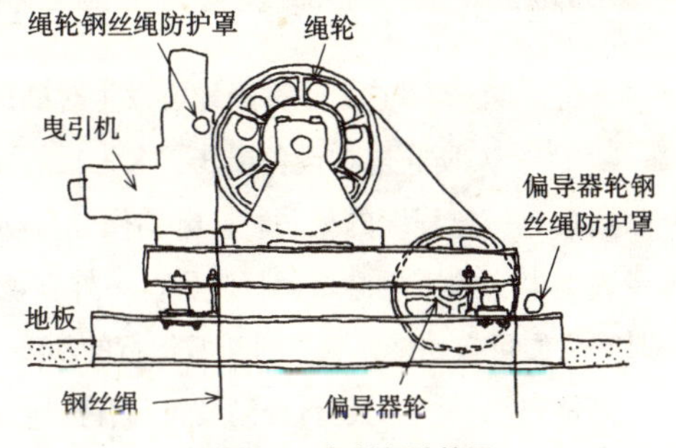

图 9.4　钢丝绳防护罩

(4) 防止电梯轿厢移动钢缆或钢丝绳等被剐

为防止移动钢缆等在地震动的作用下被电梯井内的凸起物剐坏，应采取相应的防护措施。移动钢缆包括钢带、皮带张紧轮、钢链，以及调速机钢丝绳等。电梯井内的凸起物主要有导轨托座及其他升降设备的安装支撑构件、梯门门槛等，应根据具体情况采取一定的措施。

(5) 自动扶梯的抗震对策

正如图 9.5 所示，一般自动扶梯采用的是通过上端与下端等支撑材料进行两点支撑，所以除地震力外还应对层间位移进行研究。对于地震时产生的层间位移，还应将支撑自动扶梯的支撑用角钢留有一定的余量，以防止自动扶梯从梁等支撑材料上脱落下来。

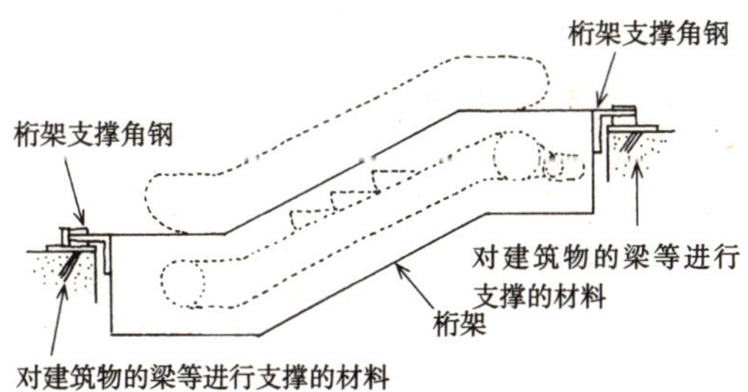

图 9.5　自动扶梯的固定方法

电梯的地震时运行控制装置到底是怎样的一种装置?

Answer 这是一种以地震发生时确保电梯轿厢内的乘梯者能尽早避难和防止电梯设备损伤扩大为目的而设置的运行装置，即当地震感应器检测到具有一定程度的晃动时，电梯便会自动停靠在距运行最近的楼层，催促乘梯者逃离电梯的紧急避难运行装置。另外，该装置还具有地震动较轻时经过一定的时间后便可自动恢复到平时正常运行的功能。

另外，这种地震时运行控制装置具有按地震感应器设定值运行的“特低”、“低”2档运行和“特低”、“低”、“高”3档运行，“特低”中包括可感应到主震（S波）的方式和主震到达前的前震（P波）方式。

（1）地震时运行控制装置的运行动作

① 地震发生时，设置在电梯上的地震感应器一旦检测到具有一定程度的晃动时，电梯便自动停靠在距运行最近的楼层，并打开电梯轿厢门催促乘梯者逃离电梯紧急避难。

② 经过一定的时间后，电梯轿厢门便自动关闭。

③ 当发生轻微的晃动时，经过一定的时间后电梯便可自动恢复到平时的正常运行。

④ 当检测到强烈的晃动时，电梯便停止运行。这时，需要通过电梯技术人员检查后才能恢复运行。

一般电梯的运行动作如图9.6所示。

（2）地震感应器的设定值

未设快运区的普通电梯设有“特低”、“低”2档，快运区的普通电梯与紧急用电梯则设有“特低”、“低”、“高”3档。原则上具体的设定值为表9.2中所示的值。

另外，像液压电梯等机房设在地下层或一层附近的电梯，其标准为“特低”时为$30cm/s^2$或可以感觉到P波、“低”时为$60cm/s^2$。

P波与S波请参阅“名词解释”。

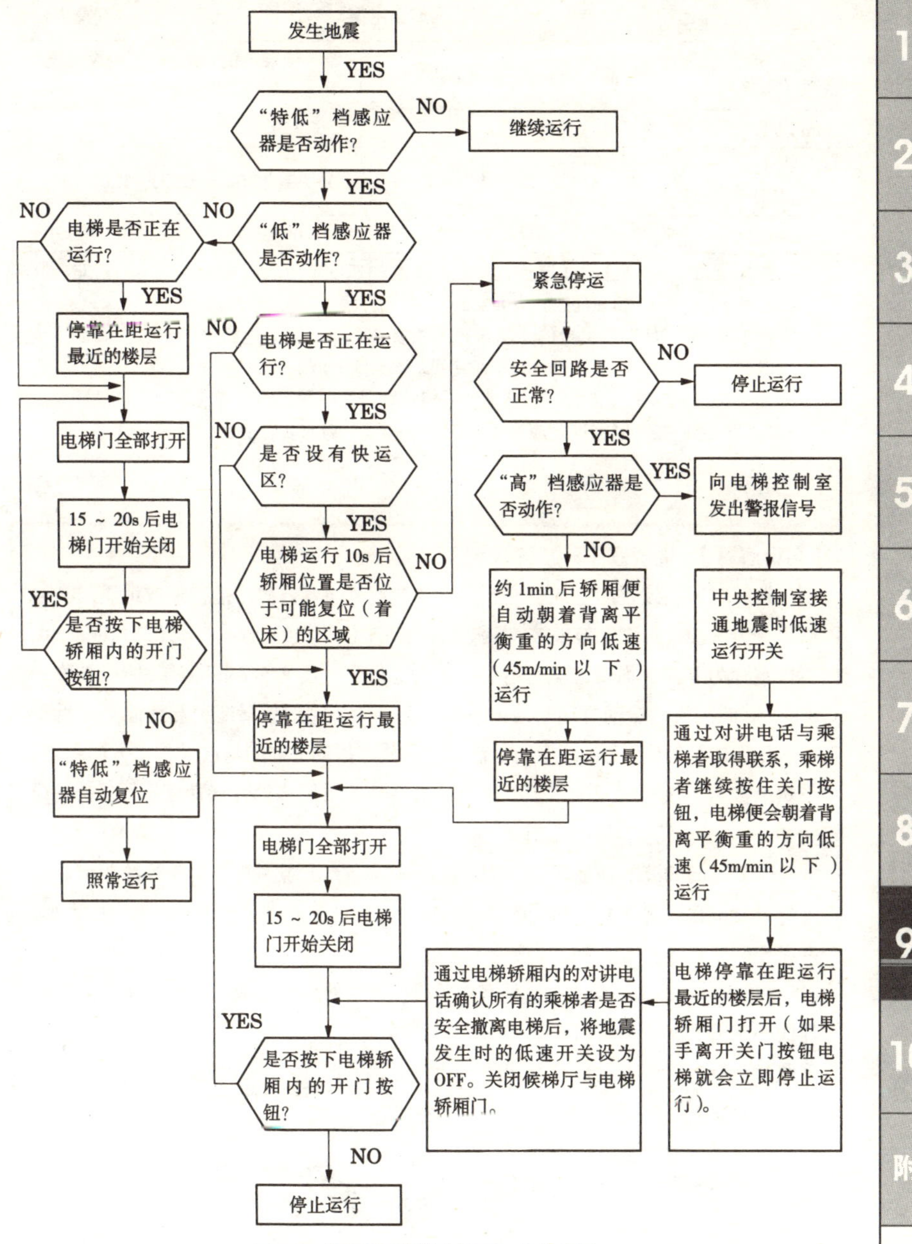

图 9.6　地震时运行控制装置工作流程图

地震感应器的设定值　　表 9.2

建筑物高度	“特低”档设定值（cm/s^2）①	“低”档设定值（cm/s^2）*	“高”档设定值（cm/s^2）*
60m 以下②	80 或可以感觉到 P 波	150	200
60m 以上 120m 以下②	30，40，60 或可以感觉到 P 波等	60，80 或 100	100，120 或 150
120m 以上②	25，30 或可以感觉到 P 波等	40，60 或 80	80，100 或 120

① cm/s^2 是由国际单位（SI 单位）决定的地震加速度单位。过去一直使用的是非国际单位的 gal（伽），如 80 cm/s^2 为 80gal。

② 当 1981 年 6 月 1 日出台的《建筑标准法实施令》之前的电梯属于未进行震后修复的电梯时，应以“特低”档 60cm/s^2 或可以感觉到 P 波、“低”档 100cm/s^2 作为其标准。

* 当为超过 60m 的建筑物、隔震结构的建筑物以及减震结构的建筑物时，其地震感应器的设定值应在考虑加速度应答（反应）率等建筑物的动态特性后再加以设定。

【名词解释】 **地震波（P 波与 S 波）**

地震时岩层破裂产生的强烈振动以波的形式向各方向传播，形成地震波。地震波分为纵波（P 波）与横波（S 波）。因纵波总是先到达地表（英文 Primary），所以被称为 P 波，而横波总是落后一步到达地表（英文 Secondary），所以被称为 S 波。P 波的质点振动方向与波的传播方向一致，它的传播能引起地面产生近乎垂直地面的振动（上下颠簸振动），而 S 波的质点振动方向则与波的传播方向垂直。虽然 P 波与 S 波同时发生，但 P 波与 S 波在地壳范围内的传播速度不同，P 波约为 7km/s，S 波约为 4km/s（图 9.7）。

因 P 波与 S 波的传播速度不同，所以可以推算出观测地点至震源的距离。另外可以尝试在观测到 P 波的阶段立即对随后而至 S 波加以核查来预测地震的大小，并在 S 波到达之前尽快做出反应。

在 2004 年日本新潟县中越地震中曾发生新干线脱轨事故，所幸的是对面没有迎面驶来的列车。但当时如果列车采取紧急制动或停电的措施就能防止事故的发生。

来自震源的波从坚固的地基传递到软弱地基会加大振动。日本阪神大地震中记载的地震烈度 7 度、被称为“震灾带”的地区也是因为地震波增幅而造成的。

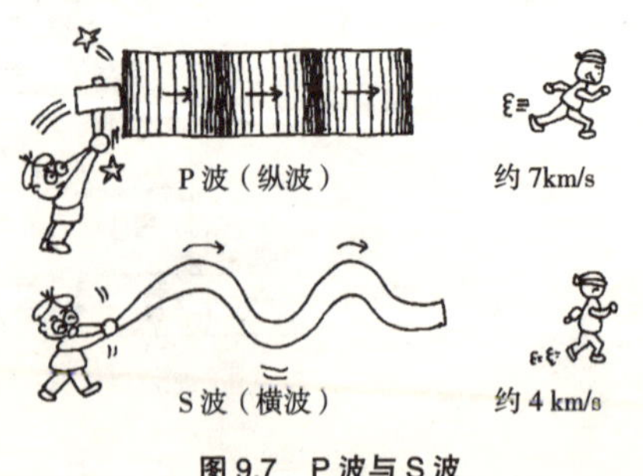

图 9.7　P 波与 S 波

（3）地震感应器设定值的变迁

根据 1995 年日本兵库县南部地震（阪神 · 淡路大地震）中震灾分析结果修改的《升降机抗震设计 · 施工指导方针》（1998 年版），将高度 60m 以下的建筑物所设置的地震感应器的“低”设定值从 120cm/s^2（gal）提高到 150 m/s^2（gal）；将设有快运区的普通电梯或紧急用电梯的“高”设定值从 150cm/s^2（gal）提高到 200 m/s^2（gal）；并扩大了通过“特低”感应信号停靠在距运行最近楼层的电梯或通过“低”感应信号停运电梯的“自动救援的可能运行范围”（表 9.2）。另外，表 9.3 表示在此之前的设定值变迁。

地震感应器设定值的变迁 **表 9.3**

<table>
<tr><th rowspan="2">公布日期</th><th rowspan="2">公布的资料</th><th colspan="4">设定值（cm/s^2）</th></tr>
<tr><th></th><th>建筑物高度</th><th>新装电梯</th><th>已装电梯</th></tr>
<tr><td>1972 年 9 月</td><td>日本电梯协会标准</td><td>设定 1 档</td><td>—（60mm 以下）</td><td>60</td><td>没有规定</td></tr>
<tr><td>1977 年 12 月</td><td>日本电梯协会标准（修改）</td><td>设定 1 档</td><td>—（60mm 以下）</td><td>80</td><td>没有规定</td></tr>
<tr><td>1981 年 6 月</td><td>电梯抗震设计施工指导方针</td><td>设定 1 档</td><td>—（60mm 以下）①</td><td>［低］100
［高］150③</td><td>［低］80
［高］没有规定</td></tr>
<tr><td rowspan="3">1984 年 2 月</td><td rowspan="3">电梯抗震设计施工指导方针（修改版）</td><td rowspan="3">设定 2 档</td><td>—（60mm 以下）②</td><td>［特低］
80 或可感觉到 P 波
［低］100
［高］150③</td><td>［特低］
60 或可感觉到 P 波
［低］100
［高］没有规定</td></tr>
<tr><td></td><td>［特低］
30、40、60 或可感觉到 P 波
［低］60、80 或 100
［高］80、100 或 150③</td><td>没有规定</td></tr>
<tr><td>120m 以上</td><td>［特低］
20、30 或可感觉到 P 波
［低］40、60 或 80
［高］80、100 或 150③</td><td>没有规定</td></tr>
</table>

① 机房设在地下层或一层的电梯，只设一档 [低] 中的 40，已装电梯未作作定。

② 机房设在地下层或一层的电梯，设 [特低] 档中的 30 或可感觉到 P 波、[低] 档中的 60 两档。

③ [高] 适用于设有快运区的普通电梯或紧急用电梯。

Question 6

已装电梯都有哪些具体的抗震对策？

Answer 针对该电梯所依据的抗震标准进行判断及抗震诊断结果采取的抗震修复的具体方法及内容，在《建筑设备 · 升降机抗震诊断标准及修改指导方针》（1996年版，日本建筑设备 · 升降机中心）中有所规定。另外在实施对策时，应以《升降机抗震设计 · 施工指导方针》为准，并按其优先程度顺序进行。

（1）已装电梯的抗震措施内容与优先程度

对于1981年《建筑标准法实施令》（新抗震标准）之前安装的电梯也应进行抗震诊断，并应采取根据《升降机抗震设计 · 施工指导方针》制定的抗震措施。在上述指导方针的对策中，当很难一次做到对该电梯实施所有的必要措施时，应从确保使用者安全的角度出发按其重要的程度分阶段加以实施，并按重要程度列出措施实施的优先顺序（表9.4）。另外，这些措施是增强电梯设备本体抗震性的

已装电梯的抗震措施的优先程度　　表9.4

<table>
<tr><th colspan="3">顺序</th><th>抗震措施项目</th><th>内　容</th></tr>
<tr><td rowspan="8">C</td><td rowspan="5">B</td><td rowspan="4">A</td><td>设置地震时运行控制装置</td><td>通过与地震感应器的联动，可使电梯停靠在距运行最近的楼层</td></tr>
<tr><td>防止导块、导轨钢丝绳等脱轨</td><td>对于防止导块或导轨钢丝绳等脱落的防脱器余量少的，应设置满足标准的防脱器</td></tr>
<tr><td>防止电梯机房的机器出现倾倒或移动</td><td>对于曳引机、电动发电机、控制盘等机器，应按标准对倾倒、移动进行检查并根据需要采取相应的措施</td></tr>
<tr><td>防止平衡重坠落及其对策</td><td>采取防止因平衡重块体上翘或平衡重框太大造成平衡重块体坠落的措施</td></tr>
<tr><td></td><td>导轨、导轨托座、中间横梁等的补强加固措施</td><td>应采取对规定范围内地震力产生荷载的导轨、导轨托座、中间梁等进行补强加固，设置中间梁等对策</td></tr>
<tr><td></td><td></td><td>调速机钢丝绳的皮带张紧轮、曳引（提升）平衡绳、其他电梯井内机器的对策</td><td>对规定范围内地震力产生荷载的安装铁件等的强度进行检查，并根据需要采取防止变形的措施</td></tr>
<tr><td></td><td></td><td>电梯井内凸起物的措施</td><td>防止调速机钢丝绳、曳引（提升）平衡绳、尾部绳索等被凸出物刚住，应根据相关标准的规定采取措施</td></tr>
<tr><td></td><td></td><td>防止主钢缆索（钢丝绳主索）从绳轮上脱落</td><td>为防止主钢缆索（钢丝绳主索）从绳轮上脱落，应根据相关标准的规定采取措施</td></tr>
</table>

注：本表中的地震措施优先程度的顺序为A、B、C。

工程，应对包括机房、电梯井、候梯厅等在内的非建筑物补强加固工程加以注意。

(2) 优先顺序“A”的措施内容

“A”的措施内容是指必要的、最小限度的措施内容。

① 防止控制箱移动倾倒的措施

防止独立型控制箱在规定范围内的水平地震力及垂直地震力的作用下出现移动或倾倒。

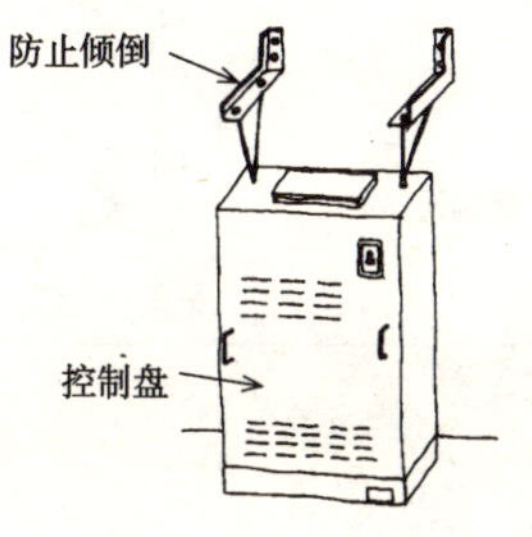

② 防止曳引机移动倾倒的措施

安装止动器或锁紧片，防止曳引机移动或倾倒。另外，为防止机械台变宽或变形，应采取补强加固等措施。

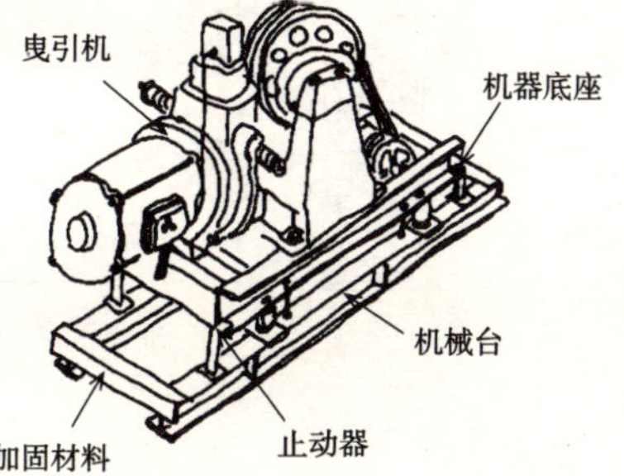

③ 防止导块脱落的措施

应在导轨处安装防脱落挡板，以防从电梯轿厢导轨处脱轨事故。

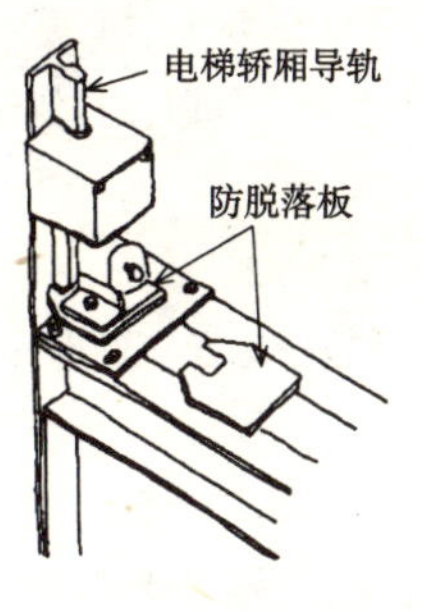

④ 防止平衡重脱落的措施

为防止调节平衡重从平衡重框掉落，应采取设置防脱落器等措施。

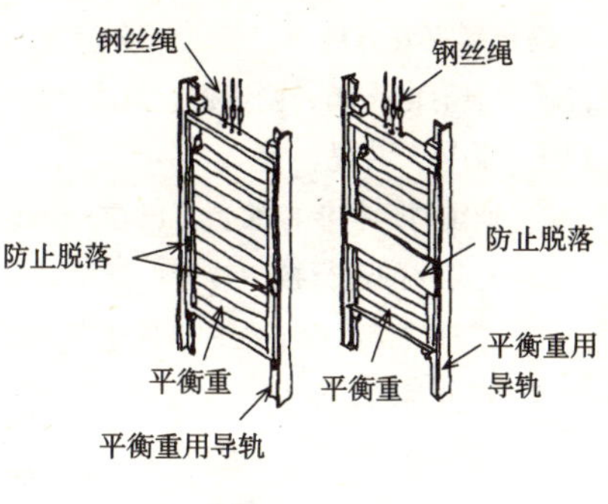

（3）优先顺序"B"的措施内容

在优先顺序"A"措施内容的基础上增加下述措施。

① 导轨的补强加固措施	② 导轨托座的补强加固措施
为使导轨托座跨距能满足基本的应力、挠度，应重新设置导轨托座。 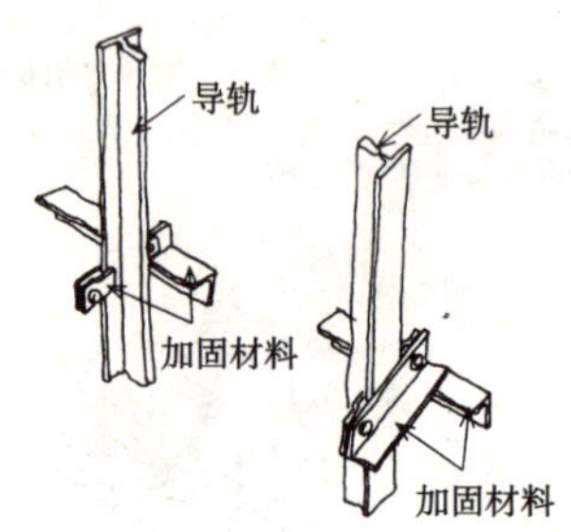 	为能满足基本的应力、挠度，应重新设置导轨托座。 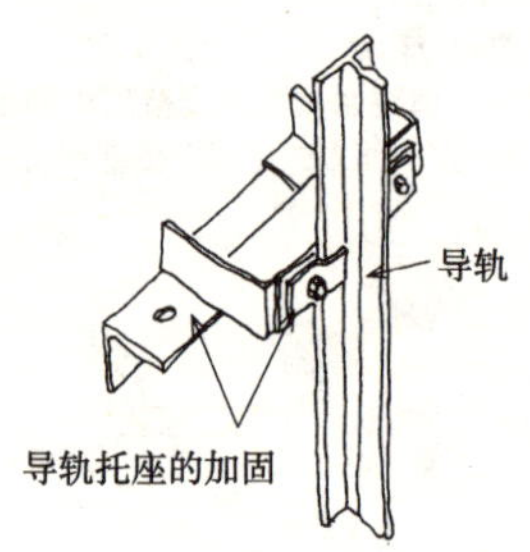

【名词解释】 **电梯的安全对策**

最近修建的楼宇大都在向大规模化、复合化、高层化发展，而且其防灾计划也越来越重要。虽然电梯的安全装置是《建筑标准法实施令》中所要求的装置，但还应设有电磁阀、调速机、紧急制动器、缓冲器等多种部件以及控制运行装置、通报（报警）装置。

① 地震时运行控制装置：已在 Question 5 中进行了详细的论述。

② 火灾时的运行控制装置：指发生火灾时通过呼救按钮等操作使电梯直接到达避难层，以保证乘梯者能迅速避难的装置。

③ 停电时的自动复位（着床）装置：指因停电致使电梯停在楼层与楼层的中间部位时，为防止乘梯者被困在电梯轿厢内，通过蓄电池等便可使电梯在距其最近的楼层安全复位（着床）的装置。

④ 备用发电控制装置：指停电时通过备用发电装置供电后，利用自动操作便可使电梯停靠在特定层的装置。根据备用发电机容量可供 1 部至数部电梯连续运行的装置。

⑤ 紧急报警（通报）装置：指当发生乘梯者被困电梯轿厢内的"被困事故"时可自动检测到故障，并可通过公用回路自动报告给电梯维修公司，且维修公司"控制中心"与"被困者"可直接通话的装置。

(4)优先顺序“C”的措施内容

在优先顺序“A”及“B”的措施内容的基础上再增加下述措施。

<table>
<tr>
<td>

① 防止主钢缆索(钢丝绳主索)脱落措施

为防止主钢缆索(钢丝绳主索)从绳轮上脱落，应设有防护罩。

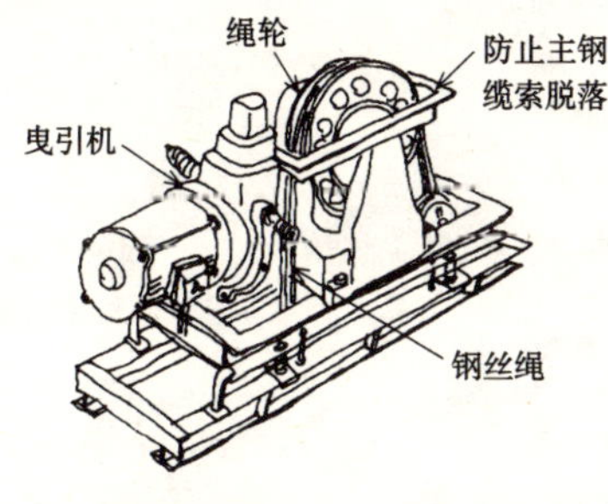

</td>
<td>

② 压缝条强化措施

将原有的压缝条换成强化压缝条，缓和导轨接缝处的应力(提高强度)。

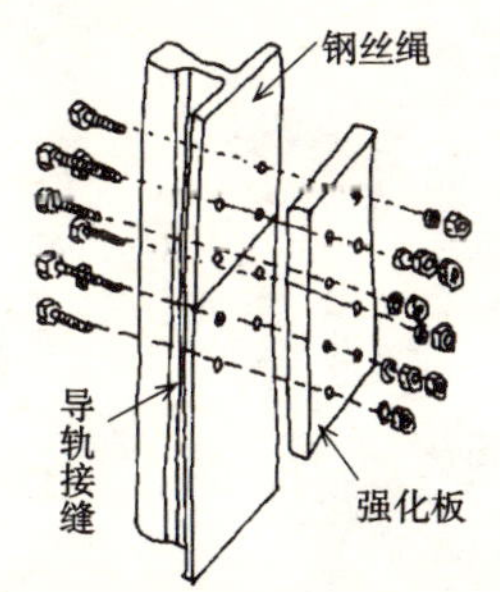

</td>
</tr>
<tr>
<td>

③ 移动钢缆的保护措施

设置防护网或防护线，防止移动钢缆与电梯井内的凸起物相碰或被刷。

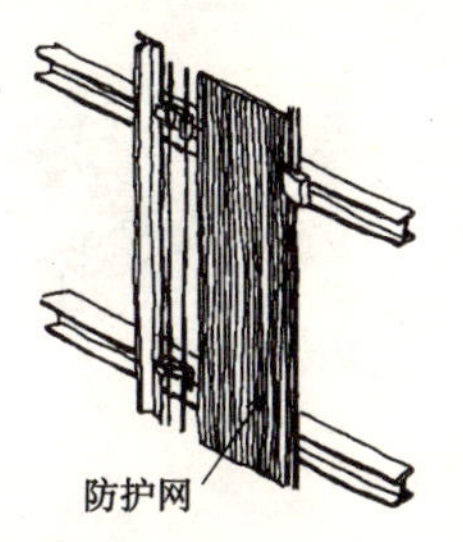

</td>
<td>

④ 调速钢丝绳中心架措施

防止地震发生时钢丝绳发生摆动后与电梯井内的凸起物相碰或被刷。

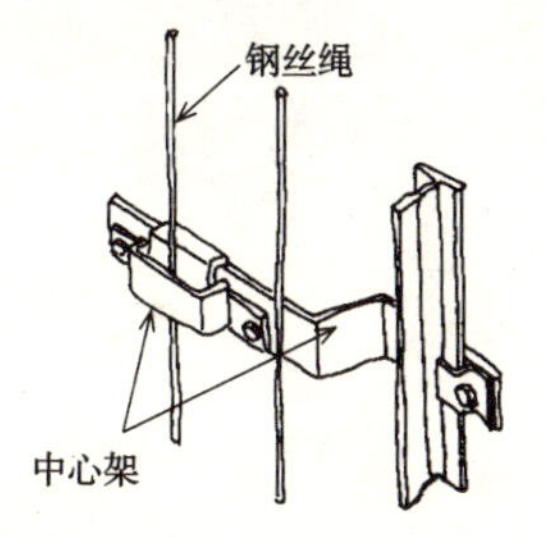

</td>
</tr>
<tr>
<td>

⑤ 防止皮带张紧轮脱落的措施

防止调速钢丝绳与皮带张紧轮凹槽错位或从凹槽中脱落。

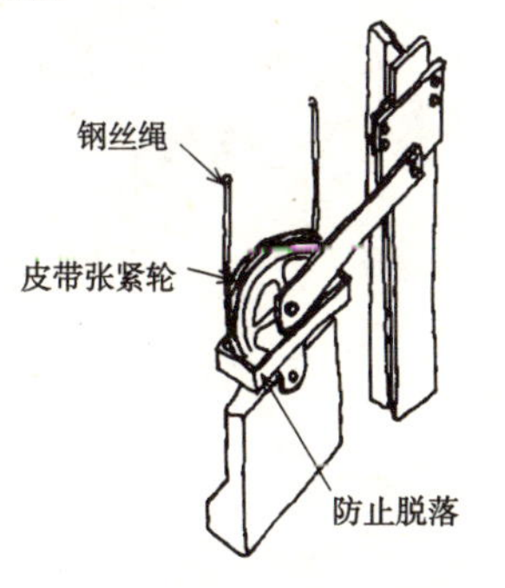

</td>
<td>

⑥ 钢板连接措施

安装连接件，以防止板材相互错位。

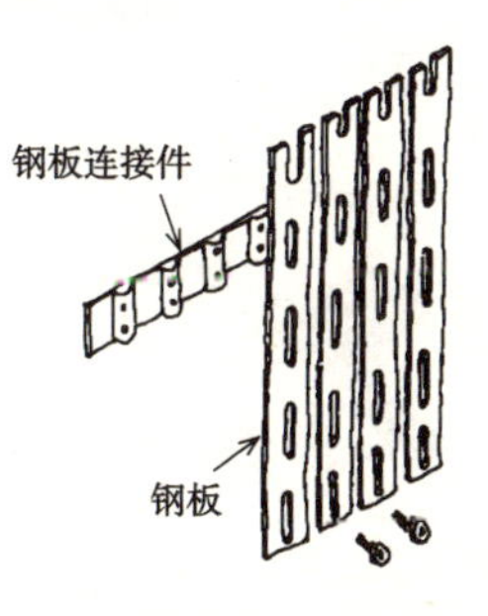

</td>
</tr>
</table>

第 *10* 章

关于地震防范工作的 Q&A

Question 1

平时都应为大地震做些什么样的防范工作（预案）？

Answer 对于居住在公寓等集合住宅的住户来说，在整个公寓内进行一定的防范准备是不言而喻的，但单户独立住宅或住在公寓的“居住者（个人）”只要通过最低限度的防范准备就可以减少“灾害发生时带来的生活不便”。因此，居住者（个人）需要在自己家中进行准备的项目如下：

① 应准备电池式半导体、手电筒及“防灾商品”。

② 应按每人每天 3L、共 3 天的生活用水量做准备，至少需要准备 9L 的用水和 3 天的粮食（注：当为城市直下型地震时 3 天的储备就显得微不足道，因为政府的救援等是远水难解近渴，而且有的人准备得也并不是很充分）。

③ 事先就应对“大范围的避难场所”及“临时集合场所”进行调查。

④ 应备有灭火器，并掌握具体的使用方法。

⑤ 应事先对住户内的避难场所及联络方法进行协商。

⑥ 应对室内家具采取“防止家具倾倒”等抗震措施。

⑦ 应掌握“紧急应对法”，即在紧急避难时先将煤气主阀门及电闸切断。

⑧ 应准备供水车到来时用于接水、运水的容器（水桶、大型水罐等）。另外当居住在公寓等集合住宅时，应像图 10.1 中所示在贮水槽内设置与供水车相配套的隔离板等。

⑨ 住在公寓高层的住户在平时就应将浴缸内放满水，以备万一。

⑩ 应常备一些供紧急时期使用的应急工具（如杠杆式起钉器等），以便逃生时将变形无法打开的门撬开。

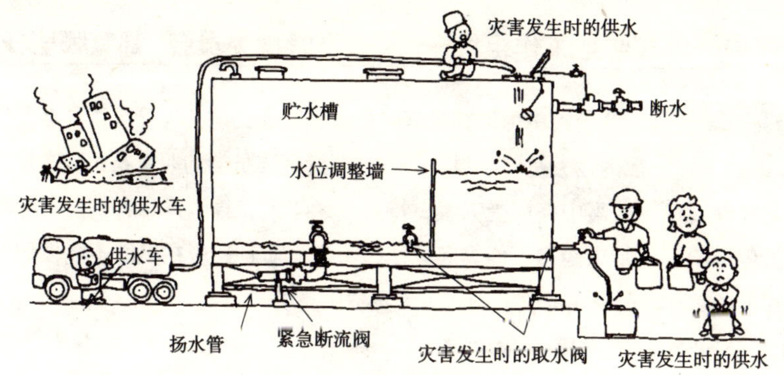

图 10.1　供水车配套型水槽例

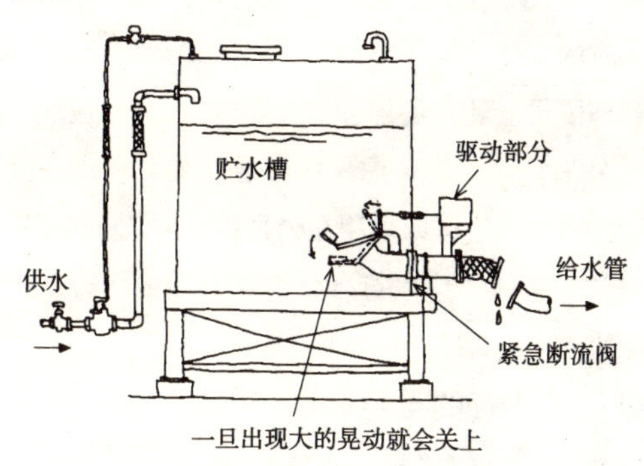

（a）水槽紧急断流阀

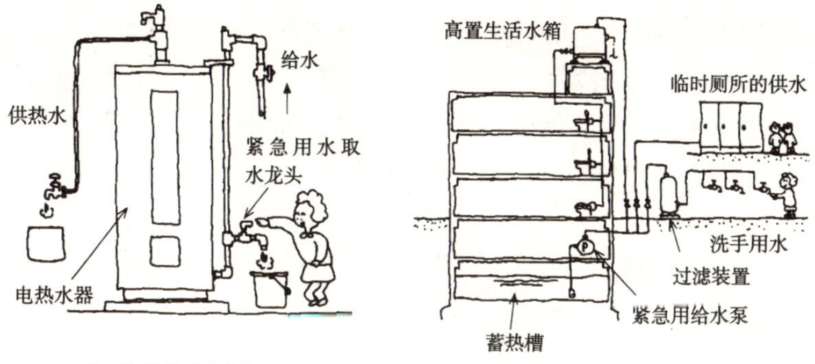

（b）紧急用水取水龙头

（c）非常时期的生活用水功能以及利用消防用水功能

图 10.2　非常时期的各种可利用水

公寓中的地震防范工作组织——“公寓管理委员会”都有哪些任务？

Answer 公寓中为地震实施防范准备工作的“公寓管理委员会”应当完成的任务是非常艰巨的。公寓管理委员会的职责是：应在地震未发生之前便对高层公寓中高层受灾者，特别是老年人、身体残障者们因电梯故障造成的停运给居住带来诸多不便等问题加以考虑，而且还应在厕所不能使用时利用空地准备“非常时期用的临时厕所（紧急备用品）”等。

（1）公寓中管理委员会的任务

公寓管理委员会的优势就在于：通过日常活动便可进行交流，而且作为“防灾组织”也便于发挥作用。另外，因公寓管理委员会拥有可集中全体住户意见的信息网，并可将平时的工作分工等组织形式有效地运用于“防灾活动”。但是对于那些不属于公寓管理委员会管辖的居住者（租住者），也应加以注意。因此“公寓管理委员会”与“公寓社区”应考虑采用可通过相互合作进行管理的方法。如果以“公寓理事会”为主体时,也可以采用在公寓内成立“防灾组织”与“公寓委员会”共同进行管理的方法。总之，应以符合该公寓具体情况的方法进行“防灾活动”，这一点是非常重要的。

（2）公寓管理委员会实行的可能事项

公寓管理委员会应在平时便对“人员”［单元房所有者（户主）与居住者］、物质（备品）、建筑物/建筑用地、钱财（管理费、修缮储备金等）进行管理。

a）“人员”的准备： 地震灾害发生时，居住者之间的“相互救助”是必不可少的。最为重要的一点就是能否有组织地进行救助、确认平安与否、引导疏散等。而且公寓管理委员会将居住人员整理成“居住人员名单表”也是十分重要的，这在紧急情况发生时通过发现“某邻居”、“似乎有些面熟”等“信息”也会起一定的作用。另外，对是否有将我们自己的要求或意见加以汇集的体制、有没有能够有效利用人才的“各司其职”、有没有以后的防灾活动等也应当加以关注。

b）**"物质"的准备**：公寓与独户住宅不同，大多情况下都需要准备紧急照明及消火栓等消防设备，以及防灾用品库等。另外，公寓管理委员会也应在灾害发生时能对日常使用的备品以及各活动小组等用于"社区活动"的工具加以有效的利用。这些不仅对本公寓的居住者，而且对附近其他社区的居住者也会有所帮助。公寓管理委员会应在受灾后建立实施情报收集、情报发信、工作人员研究工作等"公寓委员会活动"的救助点。应重新看待管理室、会议室的功能，没有管理室、会议室时可利用入口厅、架空层作为"公寓委员会活动"的救助点。图 10.3 表示公寓管理委员会应当筹措准备的常备备品。

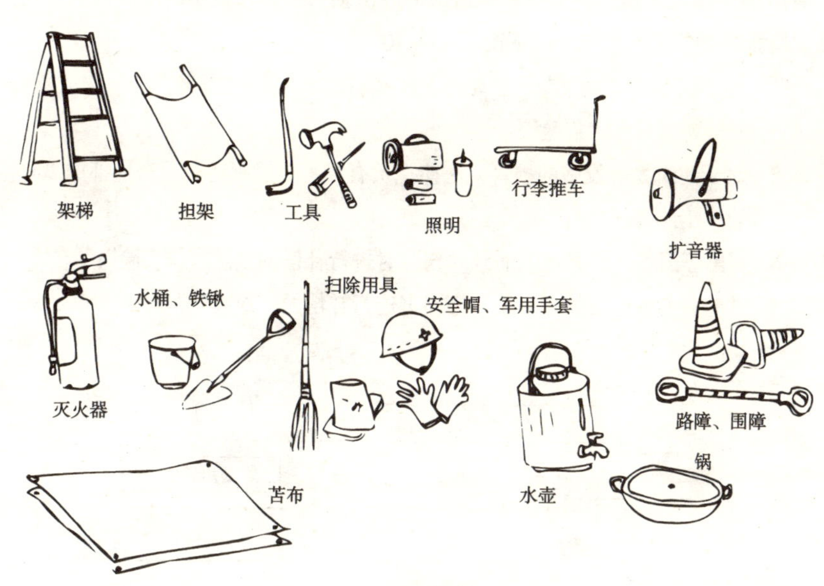

图 10.3　为震灾准备的常备备品

c）**"建筑物、建筑用地"的准备**：公寓管理委员会对公寓的建筑物、建筑用地负有"管理责任"。应在未发生地震之前便进行"抗震诊断"，以能了解掌握抗震性强的建筑物或受灾时的安全对策及恢复对策等。

d）**"钱财"的准备**：公寓中的"管理费"与"修缮储备金"是公寓管理委员会的财政基础。受灾时应急修缮费及备品的筹措属于"意外开销"。这时应对是投保"损害险"还是"火灾险"、预备金是否充分、应从哪项会计科目支出等加以确认。

3

Question

公寓的“损害险”与“地震险”包括哪些内容?

Answer

(1)什么是公寓的损害险

在现实社会环境中，我们的日常生活越来越便利，相反所处的风险(危险)也非常高。公寓大楼内可能会发生以火灾、雷击、煤气爆炸等为主的灾害，遭受风灾、水灾及地震等自然灾害的侵袭。在室外偶尔也可能发生楼梯塌落或外墙瓷砖剥落砸伤行人等的意外事故。针对围绕我们的各种偶发灾害，如何保护我们的生活与财产，采取合理的防卫措施，其中的措施之一就是损害保险。损害险的作用就是预先将上述风险造成的经济损失控制在最小的限度内。针对公寓风险推出的损害保险包括以下内容(图 10.4):

① 对建筑物等“物质”(建筑物、家庭财产)发生的损害，即“物质损失”进行补偿的“火灾险”;

② 对于建筑物等设施的损害，法律上负有损害赔偿责任的须对损害加以补偿的“赔偿责任险”;

③ 居民等因意外伤害事故而致“伤”时进行补偿的“意外伤害险”;

④ 对地震灾害造成的“物质”等损害进行补偿的“地震险”。

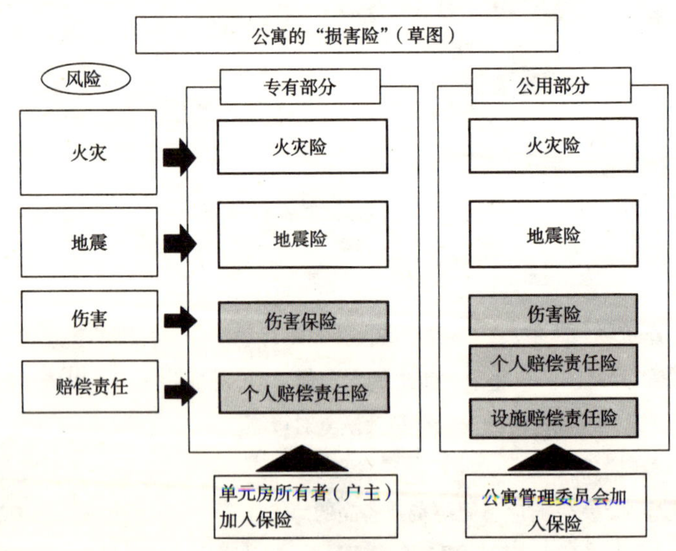

图 10.4 公寓损害险的种类

但是对于因地震造成的事故赔偿责任或“意外伤害”等损害，地震险不予以补偿或给付。而且一般责任保险或意外伤害险也都不予补偿或给付。虽说都是公寓损害保险，但看一下图 10.4 就可以得知，配套单元公寓在普通的建筑物中被分为“专有部分”[以供各单元房所有者（户主）所有、利用为目的的部分]和“公用部分”[以供单元房所有者（户主）所有、利用为目的的部分]。因各自的管理主体不同，所以损害保险的种类也不同。也就是说一般“专有部分”与所有者有合同关系，而“公用部分”则与公寓管理委员会有合同关系。

（2）什么是地震险

地震险的目的就是“保障地震等受灾者的生活安定”。地震险是由政府与损害保险公司根据“与地震有关的法律”共同运营的一种“公共性高的保险”。这种保险不是以“住宅再建”为直接目的，而是以受灾者灾后生活的“确保恢复资金”为目的而设立的。法律规定“地震险的对象”有以下几项：

① 居住用建筑物（仅用于居住的建筑物及兼作其他用途的住宅）。

② 居住用建筑物种的家庭财产（生活动产）。

非地震险对象的家庭财产包括货币、有价证券、存折、印花、邮票、轿车、贵金属、宝石、书画、古董等，一个或一组价格超过 30 万日元的物品等。另外，未作住房用的“专用店铺”或“事务所专用建筑”、“经营用的日用品及固定设备”不能成为地震保险的对象。

如上所述，“地震险”就是一种为地震灾害造成的“物质”等损害进行补偿的保险。另外，“地震险”是对因地震、火山爆发或由此引发的“海啸”等直接或间接原因引起的火灾、损坏、埋没、冲毁而使“建筑物”或“家庭财产”遭到损害进行补偿或给付的险种。这里需要注意的是在“火灾险”中，对于地震造成的损害或地震火灾（含火灾蔓延）造成的损害不支付保险金。因此，在地震灾害的防范准备工作（预案）中，“地震险”保险合同应与“火灾险”配套签订。

此外，“火灾险”不对地震灾害造成的火灾予以补偿的理由有以下几点。即在大地震发生时，不仅“火灾发现件数”比平时有所增加，而且由于“消防能力下降等”，“烧毁面积”也非常大，所以，因发生的是“火灾险”中未约定的“大规模的火灾损害”，故不在“火灾险补偿”之限。

Question 4

都有哪些针对高层公寓的“防火对策”？

Answer 公寓中的高层部分“发生火灾的危险性非常大”，其理由如下。

在日本的神户可以看到兵库县南部地震（阪神 · 淡路大地震）发生时，实际发生火灾的场所集中在地震烈度6度强至烈度7度地区。如果将地震烈度6度强至烈度7度地区发生火灾多这一数据换成“高层建筑物”，那么即使地面的晃动并不那么强烈，但在高层上往往就会像图10.5所示的那样，晃动加大出现相当于地震烈度6度强至烈度7度的晃动，而且“火灾发生”的可能性也会加大。

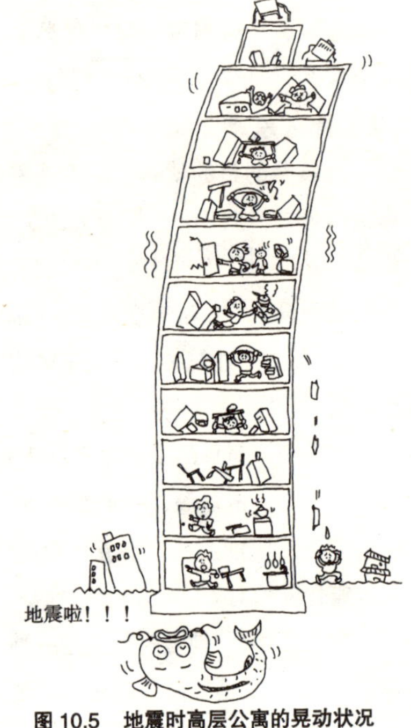

图10.5　地震时高层公寓的晃动状况

本来“平时的火灾发生率”是极低的，一般平均1万人每年发生5～6起火灾。因此，虽说地震后的火灾率远远高于常时，但也并不是哪一个建筑物都会发生火灾。相反对于像高层公寓那样建筑物的规模越大、住户越多，该建筑发生火灾的概率就越大的事实，也不能一概加以否认。高层公寓应以防止火灾灾害为目的，采取以下特殊的“防火措施”。

（1）**防止火灾蔓延措施：**现象：地震发生时，由于防火分区墙、防火门、防火卷帘门破损而使“火灾扩大”的危险性增大。

措施：切实采取上下层窗间墙划区（图10.6）、防火分区墙、防火门、防火卷帘门等“建筑方面的措施”，并认真进行日常的维修管理。

（2）**确保紧急疏散道路的畅通：**现象：地震发生时，由于防火门或紧急疏散道路遭到破坏而影响疏散，而且疏散时有烟气熏呛的危险。

措施：切实采取疏散出口门扇、疏散走廊（确保两个方向疏散）、疏散楼梯（确保两个方向疏散）、外廊（确保两个方向疏散）、防烟区等“建筑方面的措施”，并认真进行日常的维修管理。

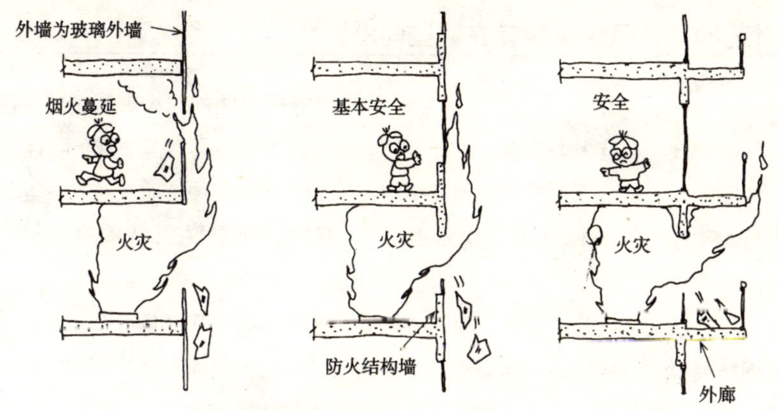

图 10.6　上下层窗间墙划区：防止火势向上层蔓延对策

（3）火灾报警设备及通报设备的配置：现象：不能检测到建筑内发生的火灾，而且不能与居住者取得联系或进行疏散指示。另外，无法通知消防部门或与之取得联系。

措施：应对防灾设备系统的火灾自动报警设备、紧急警报铃、紧急广播、住宅用火灾报警器、电话线路等进行定期的检查并将其配备齐全。

（4）初期灭火活动：现象：地震发生时，因惊慌失措未能在火灾初起阶段进行及时的处理（处理延误）。

措施：应对初期灭火用防灾设备系统——室内消火栓设备、自动喷洒灭火装置、屋顶水槽、灭火泵、灭火器等进行定期的检查并将其配备齐全。

（5）正规消防、救助活动的辅助设施：现象：地震发生时，出现影响消防队救火的故障。

措施：应对防灾设备系统的连接送水管、紧急用电梯、消防用排烟设备等进行定期的检查并将其配备齐全。

（6）防止火灾措施：现象：地震发生时，因机器倾倒等引发的震后火灾或因地震过后接通煤气阀门、电源而引起火灾。

措施：采取防止井水器、厨具、厨房用机器等倾倒的措施，并养成疏散时随手关闭煤气阀门、切断电源的习惯。

（7）共同事项：现象：地震时，“防灾设备系统”的功能丧失。

措施：应对防灾设备系统的关键——“紧急电源设备”进行定期的检查并将其配备齐全。

地震引起的“街区火灾”存在哪些问题？

Answer 街区火灾中的问题就是来自毗邻建筑物的“火灾蔓延的危险性”。有报告表明，1995 年 1 月发生日本兵库县南部地震（阪神 · 淡路大地震）时，神户及周边区域地震引起的共 182 起火灾中“防火结构”建筑物发生的火灾超过了 40%。也就是说即使是“防火结构建筑”,“发生火灾的危险性”也决不会减少。

所谓防火结构，就是“墙壁、地板、柱子等结构的防火性能是符合政令规定标准的钢筋混凝土结构、砖结构等构造，是采用日本国土交通大臣认可的结构施工法建造的或得到日本国土交通大臣认可的结构(《建筑标准法》第 2 条第七号）”。所谓防火性能，就是构件所具有的对火灾的抵御性能，是由耐火、隔热、结构稳定（耐热）3 项构成的。

但实际上 70% 以上的火灾只限于建筑物内，并未向其他处蔓延。这与“木结构建筑”在整个建筑中连 30% 都不到有关。

另一方面，遭受火灾的“防火结构建筑物”达 465 栋，而且因该数据的调查内容各异，所以不能一概而论。“尽管没有发生火灾，但遭受火灾之害”的“防火结构建筑物”非常多。其中有烟火从窗户等“开口部位”进入引起“延烧（烟火蔓延）”的，也有虽然烟火进入建筑物内但因设有“防火分区”而阻止“延烧（烟火蔓延）”的。

另外也有通过对开口部位采取“防火对策”阻止向相邻建筑物“延烧（火灾蔓延）”,或利用该建筑物阻止向“街区火灾”扩大的案例。这表明“防火结构建筑”对于街区火灾的防灾方面具有极为重要的意义。

所谓防火分区，就是为了阻止建筑物内火灾蔓延（“防止火灾蔓延”），利用防火墙等将建筑划分的若干区域，包括面积分区、特殊用途分区、竖坑分区。另外防烟分区则是为了阻止火灾中烟气扩散妨碍疏散，利用防烟墙等阻挡烟气向其他部分扩散的区域。

此外对于大地震时的“街区火灾”问题，还应对来自相邻建筑的“火灾蔓延的危险性”加以考虑。建筑物与“木结构密集的街区”或“大规模的木结构建筑”相邻时，发生火灾蔓延的危险性就相当大。“建筑物间距”大时就很少会发生“大规模的街区火灾”，但也有由相邻“防火建筑物”的火灾引起烟火蔓延的危险性。

所谓“防火建筑”是指主要结构部分采用“防火结构”的建筑物，就是外墙开口部位中可能发生火灾蔓延的部分为具有政令规定结构的“防火门等防火设备”的建筑(《建筑标准法》第 2 条第九项二号)。

另外，在《建筑标准法》第 2 条第六号中对“可能发生火灾蔓延的部分”有下述规定：“距邻地边界线、道路中心线等距离应为：一层 3m 以内、二层以上 5m 以内的建筑物部分”。这些部分的窗户玻璃应采用遇高温后玻璃破损时，其碎片仍挂在金属丝（网）上的“夹丝（网）玻璃”，而且在向室外疏散时应将窗户关闭或不靠近窗户内侧等，特别是应坚决采取“防止火灾蔓延的措施”。

关于防止烟火的蔓延问题，还应留意到建筑物的空地状况。例如，若大规模住宅区中的建筑物周边有广场及绿地等，可将其作为临时避难场地用；或虽然只有一栋建筑，但建筑用地周围是宽阔的道路或公园时，发生火灾蔓延的危险性当然就很低。

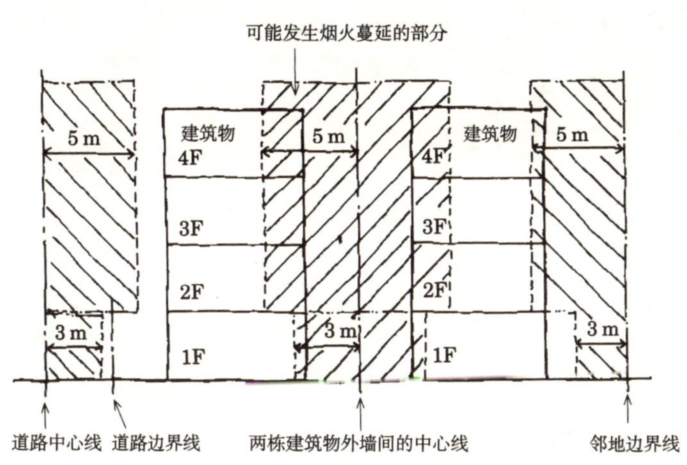

图 10.7　可能发生烟火蔓延的部分（《建筑标准法》第 2 条第六号）

附录——相关资料

资料 1——电气设备的抗震诊断标准要点（摘要）

为能抵御大地震的侵袭，应以设备抗震强度等级 B 级为准。当需抵御巨大地震的侵袭时，则应以设备抗震强度等级 A 级或 S 级进行诊断。

设备	设备材料	部位	诊断项目	诊断标准	诊断方法	诊断顺序	认定	备注
送变电设备	引入线	架空	—	• 架空线是否留有一定的余量或电缆端部是否留有余长	目测	B		
				• 建筑用地内引入柱是否采用支线	目测	B		
		地下	—	• 进线口是否采取了阻水措施	目测	B		
				• 进人检查井的电缆是否留有余长	目测	B		
		电缆	—	• 建筑业接近端的电线杆电缆是否用电线管等进行了防护	目测	B		
				• 隔离配电盘进线口贯通孔是否留有一定的富余程度	目测	B		
				• 电缆是否留有一定的余长	目测	B		
				• 柱形箱是否固定在主体基础上，是否采取了防倾倒措施	目测（计算）	A		
	机器设备	开放型	安装状态	• 变压器、电容器、电抗器、断路器是否与地板或底座进行了固定	目测（计算）	A		
				• 带有防扩装置的变压器是否安装了防倾倒型止动器	目测	A		
			与机器设备的连接状态	• 变压器的端子连接电路材料是否为挠性材料	目测	A		
				• 挠性导线是否安装了绝缘筒、绝缘管、绝缘分隔器	目测	A		
			框架管的安装状况	• 顶部支撑是否固定在两个以上直角方向的坚固的墙壁上	目测	A		
				• 高 2m 以上时，是否采取了斜撑加固措施	目测	A		
				• 自重大的吊装机器（POS 等）是否采取了中心架措施	目测	A		
				• PC 是否与角钢等呈垂直安装的	目测	A		
			劣化状况	• 机器设备的锚固螺栓是否有明显的腐蚀	目测	A		

续表

设备	设备材料	部位	诊断项目	诊断标准	诊断方法	诊断顺序	认定	备注
送变电设备	机器设备	封闭型配电盘	安装状态	•隔离配电盘是否用锚固螺栓与基础进行了固定 •带有防振装置的变压器是否装有防倾倒型抗震止动器	目测 目测	A A		
			与机器设备的连接状态	(参见开放型机器项)				
				•母线槽与隔离配电盘为钢带连接时，使用的是否为挠性导体	目测	A		
			劣化状况	(参见开放型机器项)	目测	A		
变电设备	基础	混凝土基础	与主体的连接状况	•屋顶、屋顶间的基础是否为一体式的	目测	A		
			形状稳定型	•筏形基础、梁基础、垫块形基础的尺寸是否合适 •锚固螺栓的边距尺寸是否合适	目测 目测	A A		
			劣化状况	•混凝土是否有裂纹、破损 •锚固螺栓是否有明显的腐蚀	目测 目测	A A		
	室内状况	—	阻水措施	•房间入口的下部是否采取了阻水措施 •房间中是否有可能产生渗漏的配管	目测 目测	C C		
动力设备	机器设备	控制盘	安装状态	•是否用锚固螺栓对控制盘进行了固定 •与地面的固定不充分时是否采取了中心架措施	目测(计算) 目测(计算)	B B		
			连接状态	•在控制盘内配线的连接部位，配线是否留有一定的余长 •控制盘配线口附近的配线是否有支撑 •母线槽与隔离配电盘采用钢带连接时，是否使用了挠性导体 •与电动机、机器的连接是否使用的是挠性电线管	目测 目测 目测 目测	B B B C		
			劣化状况	•固定控制盘的锚固螺栓是否有明显的腐蚀	目测	B		
	室内状况	—	阻水措施	•控制盘的安装高度是否设置在距地面较高的部位	目测	C		

续表

设备	设备材料	部位	诊断项目	诊断标准	诊断方法	诊断顺序	认定	备注
照明设备	机器设备	照明器具，镇流器（含紧急照明）	安装状况	（嵌入式下照灯） • 是否用吊装螺栓将带有镇流器的水银灯等自重较大的灯具固定在顶棚下 • 单置镇流器的固定是否牢固	 目测 目测	 C C		
				（嵌入式荧光灯） • 系统型顶棚器具是否采取了防坠落措施 • 弹簧合叶式的防直射灯罩合页是否具有一定的强度	 目测 目测	 C C		厂家进行预先诊断
				（吊装灯具）（含装饰花灯） • 器具的吊装铁件是否具有一定的强度 • 是否采取了中心架措施	 目测 目测	 C C		
				（直接安装型灯具） • 是否用吊装螺栓将自重较大的灯具固定在顶棚下	 目测	 C		
				（电线管安装灯具） • 电线管是否采用了中心架措施	 目测	 B		
火灾自动报警设备	机器设备	运动控制器（接收器）	安装状况	• 是否用锚固螺栓将控制装置固定在地面或墙面上 • 当与地面的固定不充分时是否采取了中心架措施	目测 目测（计算）	A A		
			配线的连接状况	• 在控制盘内配线的连接部位，配线是否留有一定的余长	目测	B		
		感应器	安装状况	• 在安装光电式分离感应器时，是否用螺栓等进行了固定	目测	B		
		综合操作盘	安装状况	• 是否采取了防止 CRT 等从操作台上掉落的措施	目测	A		
			配线的连接状况	• 在控制盘内配线的连接部位，配线是否留有一定的余长	目测	B		
避雷针	避雷针	—	安装状况	• 支撑支柱安装部位的螺栓等是否有明显的腐蚀 • 支撑支柱是否有明显的裂纹、腐蚀 • 是否对支撑支柱的支线进行了固定 • 接闪器的安装状态是否理想	目测 目测 目测 目测	A A A A		

资料2——空调及换气设备的抗震诊断标准要点（摘要）

为能抵御大地震的侵袭，应以设备抗震强度等级B级为准。当需抵御巨大地震的侵袭时，则应以设备抗震强度等级A级或S级进行诊断。

设备	设备材料	部位	诊断项目	诊断标准	诊断方法	诊断顺序	认定	备注
热源机器设备	机器设备（温热源、冷热源、相关机器设备）	室外、屋顶、室内	混凝土基础	• 基础的规格（与主体呈一体化、形状、稳定性、基础宽度）是否合格 • 基础是否坚固、是否出现龟裂及变形等，状态如何	目测 目测 触诊	A B		
			锚固螺栓	• 锚固螺栓的配置、数量、直径等是否合格 • 锚固螺栓是否出现腐蚀等老化？有无松动	目测 仪器测 目测 触诊	A B		
			基座、机器受热侧的铁件、安装螺栓	• 基座的刚性、可变荷载及螺栓等的状态是否理想 • 基座、铁件等是否出现龟裂、松散等老化？有无变形 • 安装螺栓的配置、数量、直径等是否合理	目测 触诊 目测 触诊 目测 仪器测	B B A		
			抗震止动器	• 抗震止动器的安装状态（数量、形状、缝隙）是否理想 • 防振装置是否装有水平垂直方向的止动器	目测 仪器测 目测	A A		
			顶部支撑材料	• 纵横比大的独立型设备是否采用了与主体固定的顶部支撑材料	目测	C		
			机器的连接配管	• 发生振动的机器与配管的衔接部位是否采用了位移吸收挠性管接头 • 是否对位移吸收挠性管接头附近的配管进行了固定	目测 目测	B C		
			烟囱、烟道	• 烟囱与烟道衔接部位的固定状况是否理想	目测	B		
			防止发生次生灾害的措施	• 锅炉是否安装了感震器停运装置、燃料断供装置 • 输油管是否安装了紧急断流阀 • 防油堤是否可以确保规定油量的容量	目测 目测 仪器测	C C C		
空调配管	配管（冷热水、冷却水、冷媒、冷凝水、蒸汽）	立管、横管、支管	支撑铁件的安装状态	• 支撑铁件的规格是否合理 • 支撑铁件是否无腐蚀、损伤、松动地进行了牢固的安装	目测 目测 触诊	C C		
			配管的支撑、固定状态	• 与支撑铁件等的支撑、固定状态是否良好 • 配管的中心架措施是否完善	目测 触诊 目测	C C		

续表

设备	设备材料	部位	诊断项目	诊断标准	诊断方法	诊断顺序	认定	备注
空调配管	配管（冷热水、冷却水、冷媒、冷凝水、蒸汽）	立管、横管、支管	位移吸收挠性管接头及其有效性	• 配管的关键部位（立管等）是否使用了位移吸收挠性管接头等 • 位移吸收挠性管接头的挠性是否良好	目测 目测	C C		
		屋顶、室外的横管、支管	混凝土基础	• 基础的规格（与主体呈一体化、形状、稳定性、基础宽度）是否合适 • 基础是否坚固、是否出现龟裂、倾斜等，状态如何	目测 目测 触诊	C C		
			与基础固定的锚固螺栓	• 锚固螺栓的配置、数量、直径等是否合适 • 锚固螺栓是否出现了腐蚀老化或松动	目测 仪器测 目测 触诊	B C		
			基座、支撑铁件等	（参照机器基座、铁件、安装螺栓项）	目测	C		
			配管的支撑、固定	• 与支撑铁件的支撑、固定状态是否良好 • 配管的支撑、固定间距是否合适	目测 触诊 目测	C C		
		建筑物伸缩缝贯通部位	位移吸收措施状况	• 是否使用了位移吸收管接头 • 位移吸收管接头等是否出现老化或损伤 • 位移吸收管接头的挠性、位移吸收量是否良好	目测 目测 触诊 目测	B C C		
		建筑物进线（管线）部位	位移吸收管接头的有无，有效性	• 是否使用了位移吸收管接头或采取了措施 • 位移吸收管接头的挠性、位移吸收量是否良好	图纸资料 目测 目测	B B		
自动控制设备	控制盘	室内	安装状态	• 是否用锚固螺栓等对控制盘进行了固定 • 锚固螺栓不够时，是否采取了防倾倒措施 • 锚固螺栓是否出现腐蚀老化或松动	目测 目测 目测	B B B		

资料3——给排水设备的抗震诊断标准要点（摘要）

为抵御大地震的侵袭，应以设备抗震强度等级B级为准。当需抵御巨大地震的侵袭时，则应以设备抗震强度等级A级或S级进行诊断。

设备	设备材料	部位	诊断项目	诊断标准	诊断方法	诊断顺序	认定	备注
给水设备、供热水设备	配管	自来水引入管、建筑用地内的给水管	地下埋设配管	• 是否对横接管的地基下沉采取了措施	图纸资料 试挖	B		
			有无配管标识	• 地上部分等是否标有埋设管线的标识	目测 试挖	C		
		建筑物引入部位	地基的沉降状态	• 是否出现了因建筑物周边地基下沉引起的位移	目测	B		
			位移吸收措施的状态	• 软弱地基等是否使用了位移吸收管接头等 • 移吸收管接头等是否出现老化或损伤 • 位移吸收管接头的挠性、位移吸收量是否良好	目测 目测 目测 触诊	B B B		
			复数的引入管	（根据建筑物的规模、用途、重要程度） • 是否采用了复数的给水引入管	目测	B		
			紧急用水龙头的设置	• 是否每个给水引入管（按系统）都安装了紧急用水龙头	目测	C		
排水设备	配管	• 排水立管 • 排水横支管 • 排水主管	• 支撑铁件 • 配管的支撑、固定	（参照空调设备配管项）	目测 目测 目测	B B B		
		建筑用地排水管	支撑铁件的安装状态	• 支撑铁件的规格是否合理 • 对支撑铁件是否无腐蚀、损伤、变形地进行了牢固的安装	目测 目测 触诊	B C		
			配管的支撑、固定状态	• 支撑铁件等的支撑固定状态是否良好 • 配管的支撑、固定状态是否良好 • 配管的中心架措施是否合理	目测 目测 目测	B B C		
			地基的沉降状态	• 配管的上部、周边的地面是否出现下陷等	目测	B		
		截流井	截流井的沉降状态	• 截流井是否出现了下沉、浮起 • 建筑物侧的配管与截流井之间的地基下沉措施是否合理	目测 目测	B B		
	水泵类设备	水泵设备	混凝土基础	• 基础的规格（与主体呈一体化、形状、稳定性、基础宽度）是否理想 • 基础是否坚固？是否出现异常裂纹、龟裂、倾斜等，状态是否理想	目测 目测 触诊	B B		

续表

设备	设备材料	部位	诊断项目	诊断标准	诊断方法	诊断顺序	认定	备注
排水设备	水泵类设备	水泵设备	基础锚固螺栓、基座，其他	（参照空调设备配管项）				
			水泵连接配管	• 水泵周围的配管是否使用了位移吸收管接头、防振管接头等	目测	A		
	污水槽类	污水槽槽体	机器类、附件类的安装状态	• 是否无腐蚀、损伤、松动地对控制盘、测量仪器、进人检查井、梯子等机器类、附件类进行了牢固的安装	目测	B		
	动力盘	室外、屋顶及室内	安装状态	• 对锚固螺栓等的固定是否良好 • 中心架、锚固螺栓不够时是否采取了防倾倒措施 • 固定锚固螺栓类是否出现腐蚀老化或松动	目测 目测 目测	B B B		
卫生洁具设备	厕所洁具	• 大便器 • 小便器 • 高位水箱 • 低位水箱 • 盥洗池 • 厕所配套件	设置状态	• 大便器的支撑及固定状况是否理想 • 配管连接部位及配管支撑状态是否理想 • 配套件内的器具安装状态是否理想	目测触诊 目测 目测触诊	B C B		
	盥洗器具	盥洗池化妆台	设置状态	• 盥洗池化妆台的支撑及固定状况是否良好 • 盥洗池与化妆台之间是否有缝隙或错位 • 配管连接部与配管支撑的状态是否理想 • 设置在盥洗台下的热水器的支撑固定状态是否理想	目测 目测 目测 目测	B C C B		
		盥洗器具	设置状态	（参照厕所洁具项）	目测 触诊	B C		

资料 4——防灾设备的抗震诊断标准要点（摘要）

为能抵御大地震的侵袭，应以设备抗震强度等级 B 级为准。当需抵御巨大地震的侵袭时，则应以设备抗震强度等级 A 级或 S 级进行诊断。

参考文献：日本东京消防厅，预防事务监察、检查标准，日本损害保险协会：关于消防设备地震时可靠性的调查研究报告（抗震强度等级 A）

设备	设备材料	部位	诊断项目	诊断标准	诊断方法	诊断顺序	认定	备注
消防设备	水槽类（混凝土、钢板制、FRP 制、木制）	室内、室外及屋顶	水槽槽体的规格、外观、强度、附件	• 水槽槽体的抗震性能是否良好，隔离板等的规格是否合适，附件的规格是否合适 • 水槽槽体有无变形、曲翘、龟裂、损伤等	图纸 目测 目测 触诊	A B		厂家进行预先诊断
			水槽连接配管	• 水槽周围的配管等是否使用了位移吸收管接头 • 位移吸收管接头等是否出现老化或损伤？挠性位移吸收量是否良好 • 是否对位移吸收管接头等周围的配管进行了固定	目测 目测 目测	A A A		
			混凝土基础	• 基础的尺寸及形状、配置是否合理 • 基础是否坚固？有没有出现龟裂、倾斜等，状态是否理想	目测 目测 触诊	A A		
			锚固螺栓	• 锚固螺栓的配置、数量、直径等是否合理 • 锚固螺栓是否出现腐蚀等老化或松动	目测 仪器测 目测 触诊	A A		
			基座、安装螺栓	• 基座的刚度是否合适 • 基座、铁件是否出现腐蚀老化或损伤、松动 • 安装螺栓的配置、直径、数量等是否合理	目测 目测 触诊 目测 仪器测	A B A		
	水泵等加压送水装置	水泵及周围	水泵泵体、附属罐、附属配管	• 包括标称水槽在内的基座及水槽、水泵泵体等机器的规格是否合适 • 泵体、附件等的规格是否合适，有无异常龟裂、变形、损伤	图纸 目测 目测 仪器测	A A		厂家进行预先诊断
			混凝土基础、锚固螺栓	• 基础的规格是否与主体呈一体化，形状尺寸是否合适，是否出现龟裂、倾斜等 • 锚固螺栓的配置、直径、数量等是否合理，有无腐蚀老化、松动	目测 仪器测 目测 触诊	A A		
			基座、机器侧铁件、安装螺栓	• 基座的刚性、可变荷载的螺栓状态是否理想 • 基座、铁件的形状、尺寸等是否合适 • 基座、铁件等是否出现龟裂、损伤或松动等 • 安装螺栓的配置、数量、直径等是否合理	目测 目测 目测 触诊 目测 仪器测	A A A A		

续表

设备	设备材料	部位	诊断项目	诊断标准	诊断方法	诊断顺序	认定	备注
消防设备	水泵等加压送水装置	水泵及周围	机器连接配管	• 水泵与配管接合部位的挠性管接头的安装状态是否良好	目测	A		
				• 标称水槽周围的配管安装及支撑状态、尺寸等是否合理	目测	A		
			抗震止动器	• 防振支撑用抗震止动器的安装状态（数量、防倾倒型的形状、间隙）是否理想	目测	A		
	配管、喷头周围	立管、横管、支管	配管的连接	• 高层建筑物的配管连接采用的是否是螺纹接合方式	目测	A		
				• 配管与附属机器的连接部位是否装有挠性管接头？挠性管接头的挠性是否良好	目测	A		
			支撑铁件、固定等的状态	• 支撑铁件的规格是否合理，有无腐蚀老化、损伤、松动，与主体侧的安装是否牢固	目测 触诊	A		
				• 支撑铁件等的配管支撑是否理想	目测	A		
				• 是否考虑了配管的安装固定措施	目测	A		
				• 立管是否考虑了应对层间位移措施？该措施是否有效	目测	A		
				• 立管的顶部是否与主体进行了牢固的固定	目测	A		
				• 地面墙壁的贯通部位是否采用了牢固的支撑或避免固定的方法	目测	A		
			支撑铁件、固定等的状态	• 是否用专用的套管等对横接管的墙壁贯通部位进行了切实的填充	目测	B		
				• 横接管支撑铁件间距是否合适？是否合理地使用了配管端面方向中心架支撑材料	目测	A		
				• 横接管是否会受地震发生时附近管道或粗管晃动的影响而出现破损	目测	B		
		与自动喷洒灭火装置喷头的连接配管	渐伸配管（盘管）、向上配管	• 喷头附近的配管是否固定在顶棚基底的钢材上	目测	A		
				• 在保持喷头本身不动的前提下，向上配管侧是否与相关部位进行了支撑	目测	A		
				• 向上配管使用挠性管时，是否采用了中心架支撑	目测	A		
				• 向上配管在地震的晃动下是否会出现破损	目测	A		

续表

设备	设备材料	部位	诊断项目	诊断标准	诊断方法	诊断顺序	认定	备注
消防设备	与自动喷洒灭火装置喷头、喷嘴等	室内	自动喷洒灭火装置喷头	• 喷头本身是否为耐碰撞喷头（不怕周围内装材料损伤时对其碰撞的喷头） • 喷头是否不会受到喷头周围的内装材料等对其的限制	目测 图纸 目测	A B		厂家进行预先诊断
	防止设备发生次生灾害	—	—	• 消防泵室（含电气控制系统）是否会受到渗漏造成的水浸？是否采取了相应的措施 • 为防止喷头出现非火灾时的意外放水（意外喷水），是否对相关人进行了停止放水的训练	目测 听取确认	B C		
	灭火器、贮藏箱	室内	灭火器、贮藏箱周围与安装状态	• 固定灭火器等贮藏箱的墙壁等是否为不会在地震中出现变形或龟裂、破损的结构 • 置放贮藏箱的墙壁等是否采用了不会在地震中出现变形或龟裂、破损的结构	目测 图纸 目测 图纸	B B		
防灾设备	报警设备	室内	避难器具的安装状态	• 为保证器具类的基座位于规定的部位且地震时不会发生移动、倾倒，是否采用了与地面进行固定的相关措施	目测	A		
	紧急疏散指示灯、疏散引导设备	室内	安装状态	• 器具的安装是否用螺栓等与结构体进行了固定 • 与器具连接的配线是否留有一定的富余长度	目测 目测	A B		
	消防用水	室外、室内	防火水槽、防火水槽周围及零部件	• 水槽槽体是否有异常变形、龟裂、损伤等 • 与水槽连接的给水管是否使用了发生地基下沉等时可吸收位移的位移吸收管接头	目测 目测 图纸	B B		
	进行消防时用的设施	室内、室外	• 配管、阀门、支撑 • 贮藏箱 • 喷头类 • 紧急用插座	应按上述诊断标准进行（省略）	（目测 图纸 等）	（A B）		

引用・参考文献

【一般関連（G)】

G-1. 「耐震総合安全性指針（案）」耐震総合安全性指針作成委員会編・発行：NPO法人耐震総合安全機構（JASO）・2005年1月

G-2. 「JASOマンションと地震－こうすれば安心－」耐震総合安全性指針作成委員会編・発行：NPO法人耐震総合安全機構（JASO）・2005年9月

G-3. 「耐震改修を実施した大規模修繕」(すぐに役に立つマンション管理ガイド：資産を守る実践編：p.58～p.68・日経アーキテクチャア）志賀一夫&2アソシエイツ・発行：日経BP社・2005年12月

G-4. 「マンションは地震に弱い」矢野克巳著・監修：NPO法人耐震総合安全機構(JASO) 耐震総合安全性指針作成委員会・発行：日経BP社・2006年7月

G-5. 「建築雑記帳：耐震補強関連1～11」機関誌「みらい」・荒尾博・発行：橋本総業(株)・2004年5月～2005年3月

G-6. 「建築雑記帳：耐震と長寿命化1～8」機関誌「みらい」・荒尾博・発行：橋本総業(株)・2005年4月～2005年11月

G-7. 「耐震診断チェックリスト」耐震対策チェックリスト作成部会・発行：日本建築設備診断機構・2001年

G-8. 「官庁施設の総合耐震計画基準及び同解説：平成8年版」発行：(社)公共建築協会・1996年11月

G-9. 「官庁施設の耐震診断・改修基準及び同解説：平成8年版」建設大臣官房官庁営繕部監修・発行：(財)建築保全センター・1996年11月

G-10. 「災害からの復興と防災フロンティア」総合論文誌第2号・日本建築学会・No. 2 FEBUARY2004・発行：日本建築学会・2004年2月

G-11. 「LPガス消費者地震対策マニュアル」発行：高圧ガス保安協会・2004年3月

G-12. 「あと施工アンカー：設計・施工」岡田恒男・田中礼治・松崎育弘・坂本功・川村壮一共著・発行：技術書院・1999年5月

G-13. 「あと施工アンカー：設計施工読本－初歩から応用まで－」広沢雅也・松崎育弘編・発行：建築技術・2001年7月

G-14. 「あと施工アンカー施工指針（案）同解説」発行：(社)日本建築あと施工アンカー協会・2005年2月

G-15. 「あと施工アンカー技術資料（改訂版）」発行：(社)日本建築あと施工アンカー協会・2005年5月

G-16.「SHASE-S 090-1998：建築設備用インサート」空気調和・衛生工学会規格・発行：空気調和・衛生工学会・1999年6月
G-17.「耐震改修の技術－指針とディテールシート－(改訂2版)」建築耐震設計者連合(JARAC) 編・発行：オーム社・2003年6月
G-18.「建築物の耐震改修の促進に関する法律（耐震改修促進法)・同施行令等の解説」国土交通省住宅局建築指導課・1999年12月22日（最終改正)
G-19.「(改正) 建築物の耐震改修に関する法律（改正耐震改修促進法・同解説)」国土交通省住宅局建築指導課・2006年1月（施行)
G-20.「オフィスビルなど建築に求められる耐震性能」(建設フォーラム：美しい日本2005－オフィスビルトラック－：テキスト) 日本建築防災協会理事長：岡田恒男・2005年11月
G-21.「防災とガラスを考える」(建設フォーラム：美しい日本2005－オフィスビルトラック－：テキスト) 武田雅宏・2005年11月
G-22.「特集建築設備における耐震対策：「建築耐震診断」と「耐震改修促進法・(改正)耐震促進法」」月刊コア7誌：2006年7月号p.10～p.18・安藤紀雄・発行：日本設備工業新聞社・2006年7月
G-23.「特集：地震と防災 都市機構の防災公園街区整備事業」(給排水設備研究誌2005年10月Vol. 22 No.3 p.22～p.27)・荒川稔/小寺定典・発行：給排水設備研究会・2005年10月
G-24. JASOシンポジウム「耐震総合安全性に求めるもの－安心できる建物・まちとするために－」編・発行：NPO法人耐震総合安全機構（JASO）耐震総合安全指針作成委員会・2004年1月
G-25.「生活を守る耐震手引き・東京編」編・発行：NPO法人耐震総合安全機構(JASO)・2004年10月
G-26.「建築耐震診断業務及び報酬基準（案)」編・発行：建築耐震設計者連合(JARAC) 業務報酬検討委員会・1997年5月
G-27.「総合的耐震改修技術指針（案)」編・発行：建築耐震設計者連合（JARAC）1998年4月
G-28.「21世紀の耐震設計－総合耐震的耐震化に向けて－」編・発行：建築耐震設計者連合（JARAC)・1997年8月
G-29.「性能設計にどう対処するか」
G-30.「求められる地震時の安全性能レベルと今後の展望」編・著：建築耐震設計者連合（JARAC)・(社) 日本建築家協会・(社) 日本建築構造技術者協会・1999年2月
G-31. シンポジウムテキスト「総合的な耐震安全設計の実現に向けて」主催：地震防災総合研究特別研究委員会・耐震総合安全性小委員会・2001年3月

【地震関連（J)】

J-1. 「地震と噴火の日本史（岩波新書)」伊藤和明著・発行：岩波書店・2000年8月

J-2. 「日本の地震災害（岩波新書)」伊藤和明著・発行：岩波書店・2005年10月

J-3. 「大地動乱の時代－地震学者は警告する－」石橋克著・発行：岩波書店・1994年8月

J-4. 「阪神・淡路大震災10年－新しい市民社会のために－(岩波新書)」柳田邦男著・発行：岩波書店・2004年12月

J-5. 「巨大地震時に予想される長周期地震動とその耐震問題」(05年度日本建築学会大会（近畿）特別調査部門研究協議会資料）発行：日本建築学会：東海地震時等巨大災害対応特別調査委員会・2005年9月

J-6. 「パキスタン地震被害調査団速報会：講演会資料」発行：土木学会／日本建築学会・2005年12月

【構造関連（K)】

K-1. 「2001年改訂版：既存鉄筋コンクリート造建築物の耐震診断基準・改修設計指針同解説」発行：(財)日本建築防災協会・2002年1月

K-2. 「既存鉄筋コンクリート造建築物の耐震改修設計指針・同解説」発行：(財)日本防災協会・2002年1月

K-3. 「既存鉄筋コンクリート造建築物の「外側耐震改修マニュアル」」発行：(財)日本建築防災協会・2002年10月

K-4. 「鉄筋コンクリート構造計算基準・同解説・許容応力度設計法」発行：日本建築学会・1999年11月（改訂)

K-5. 「コンクリート診断技術」発行：日本コンクリート工学協会・2006年

K-6. 「耐震構造の設計－学びやすい構造設計－第3版」発行：日本建築学会関東支部・2003年7月

K-7. 「初めての建築構造設計・構造計算の進め方」発行：学芸出版社・1996年11月

K-8. 「最新建築構造設計－力学から設計まで」和田章・古谷勉共著・発行：実教出版・2004年4月（改訂)

K-9. 「耐震診断と補強・補修」鹿島都市防災研究会・1998年5月

K-10. 「木造住宅の耐震診断と補強方法」発行：(財)日本建築防災協会・2004年7月（改訂)

K-11. 「木造住宅の耐震精密診断と補強方法（改訂版)」発行：(財)日本建築防災協会・2004年7月（改訂)

K-12. 「考え方・進め方：免震建築」（社)日本免震構造協会編・発行：オーム社・2005年5月

K-13. 「耐震・免震・制震のはなし」斉藤大樹著・発行：日刊工業新聞社・2005年7月

K-14. 「トグル制震を用いたオフィスビルの設計」(建設フォーラム：美しい日本2005－オフィスビルトラック－：テキスト）飛島建設妹尾嘉章・2005年11月

K-15. (社)東京建設業協会ホームページ： http://www.token.or.jp
K-16. (財)日本建築学会ホームページ： http://www.aij.or.jp/jpn/seismj/index_se.htm
K-17. (社)日本免震協会ホームページ： http://jssi.or.jp/gaiyou/me-5.htm
K-18. (財)マンション管理センターホームページ： http://www.mankan.or.jp.

【設備関連（S)】

S-1. 「建築設備耐震設計・施工指針： 2005 年版」発行：(財)日本建築センター・2005 年 7 月
S-2. 「建築設備の耐震機能・計画（案)（空気調和・衛生工学会シンポジウムテキスト)」空気調和・衛生工学会：安全防災委員会・設備対策小委員会・ 2005 年 2 月
S-3. 「新潟中越地震における建築設備被害状況」(建築設備＆昇降機 No.55 p.14 ～ p.18) 木内俊明・(財)日本建築設備・昇降機センター・ 2005 年 5 月
S-4. 「設備耐震・新指針成立の経緯」空気調和・衛生工学会誌，Vol. 73. p.151 ～ p.153 ・ 1997 年
S-5. 「建築設備の耐震設計・施工法」(社)空気調和・衛生工学会・ 1997 年 10 月
S-6. 「特集：いまいちど設備の耐震性を考える～建築設備耐震基準の変遷と概要～」会誌 MET2006 年第 3 号・木内俊明・発行：(社)東京都設備設計事務所協会・2006 年 8 月
S-7. 第 26 回 HAT セミナー：テキスト「建築設備耐震の基礎知識：建築設備と耐震対策」発行：橋本総業(株)・ 2005 年 8 月
S-8. 「東京ガスの地震防災対策」(建築設備＆昇降機 No.54 p.24 ～ p.29) 菜花建一・発行：(財)日本建築設備・昇降機センター・ 2005 年 3 月
S-9. 「新潟県中越地震被害調査速報（空気調和・衛生工学会シンポジウムテキスト)」発行：空気調和・衛生工学会/日本空調衛生工事業協会・ 2005 年 2 月
S-10. 「阪神大震災による設備システム関連の被害実態と評価」発行：(社)空気調和・衛生工学会近畿支部・(社)建築設備技術者協会近畿支部・(社)電気設備学会関西支部・ 1996 年 1 月
S-11. 「災害時の水利用：飲める水・使える水」発行：(社)空気調和・衛生工学会・2002 年 11 月
S-12. 「図解空調・給排水の大百科：Ⅵ.共通編 Ⅵ.8 地震と耐震 p.594 ～ p.603」空気調和・衛生工学会編・発行：オーム社・ 1998 年 7 月
S-13. 「実践ノウハウ：建築設備の診断・リニューアル（3.5 耐震診断)」日本建築設備診断機構編・ p.176 ～ p.190 ・発行：オーム社・ 2004 年 1 月
S-14. 「「地震」と「建築設備」にまつわるトピックス： 4 話」鑑定情報誌： synagy Vol. 8 p.9 ～ p.19 ・安藤紀雄・発行：日本損害保険鑑定人協会・ 2006 年 3 月
S-15. 「空気調和・給排水衛生設備施工の実務の知識」空気調和・衛生工学会編・発行：オーム社・ 2005 年 5 月

S-16.「特集：地震と防災 総論－災害に備える建築設備」（給排水設備研究誌 2005 年 10 月 Vol. 22 No.3 p.6 ～ p.14）・木内俊明・発行：給排水設備研究会・ 2005 年 10 月
S-17.「特集：地震と防災 建築設備の耐震性」（給排水設備研究誌 2005 年 10 月 Vol.22 No.3 p.15 ～ p.21）・堀尾佐喜夫・発行：給排水設備研究会・ 2005 年 10 月
S-18.「特集：地震と防災 集合住宅におけるライフライン確保と給排水設備」（給排水設備研究誌 2005 年 10 月 Vol. 22 No.3 p.28 ～ p.32）・小池道広・発行：給排水設備研究会・ 2005 年 10 月
S-19.「特集：地震と防災振動実験による水廻り設備機器の耐震性能検証」（給排水設備研究 2005 年 10 月 Vol. 22 No.3 p.33 ～ p.37）・小寺定典・発行：給排水設備研究会・ 2006 年 10 月
S-20.「特集：地震と防災 セミナー「給排水設備の耐震対策」の報告」（給排水設備研究 Vol. 22 No.3 p.38 ～ p.40）関西支部・編集委員会・発行：給排水設備研究会・ 2006 年 10 月
S-21.「特集：建築設備の免震と設備技術」建築設備と配管工事誌 No.499 Vol.38 No.2 ・発行：日本工業出版・ 2002 年 2 月
S-22.「地震災害と建築設備」（建築設備＆昇降機 No.61p.28 ～ p.33）米田千瑳夫・発行：(財)日本建築設備・昇降機センター・ 2006 年 5 月
S-23.「ねじ配管の革命児：地震に強い「転造ねじ配管」」全管連ジャーナル誌 2006 年 7 月 p.8 ～ p.18 ・安藤紀雄・発行：全国管工事協同組合連合会・ 2006 年 6 月
S-24.「特集：建築設備における耐震対策「配管の耐震」」（月刊コア誌 2006 年 7 月号 p.20 ～ p.33）・堀尾佐喜夫・発行：日本設備工業新聞社・ 2006 年 7 月
S-25.「特集：建築設備における耐震対策 ねじ配管の革命児 耐震性・環境に優れた「管用テーパ転造ねじ」」（月刊コア誌 2006 年 7 月号 p.34 ～ p.46）・大西規夫・発行：日本設備工業新聞社・ 2006 年 7 月
S-26.「特集：建築設備における耐震対策「震災時」の給水タンクの重要性について」（月刊コア誌 2006 年 7 月号 p.48 ～ p.52）・岸田眞二・発行：日本設備工業新聞社・ 2006 年 7 月
S-27.「SHASE-S-1998 ：建築設備用インサート」空気調和・衛生工学会規格・発行：空気調和・衛生工学会・ 1999 年 6 月
S-28.「FRP 水槽耐震設計基準」発行：(社)強化プラスチック協会・ 1996 年 11 月
S-29.「FRP 水槽構造設計解散法」発行：(社)強化プラスチック協会・ 1996 年 11 月
S-30.「建築設備用銅配管耐震設計・施工指針（案）」発行：(社)日本銅センター・ 1985 年 3 月
S-31.「水道用硬質塩化ビニル管」技術資料〔耐震対策編〕・発行：塩化ビニル管継手協会・ 2000 年 5 月
S-32.「意匠・構造を含めた建築設備の耐震安全性能－機能確保の設計計画について－」編・発行：建築耐震設計者連合（JARAC）・ 1999 年 1 月

【電気関連（E)】

E-1.　「地震と照明器具」（建築設備＆昇降機 No.53p.18 ～ p.24）・長尾均・発行：(財)日本建築設備・昇降機センター・ 2005 年 1 月

E-2.　「電力会社の地震対策への取り組み」（建築設備＆昇降機 No.55 p.20 ～ p.25）・北村信・発行：(財)日本建築設備・昇降機センター・ 2003 年 5 月

E-3.　「感震機能付き住宅用分電盤」（建築設備＆昇降機 No.p.26 ～ p.31）・吉田伸二・発行：(財)日本建築設備・昇降機センター・ 2003 年 5 月

E-4.　「電気設備の耐震設計・施工マニュアル（改訂新版）」(社)日本電設工業会・発行：(社)電気設備学会・ 1999 年 6 月

【エレベーター関連（ELV)】

ELV-1.　「エレベータの地震対策」（すぐに役に立つマンション管理ガイド：資産を守る実践編： p.54 ～ p.57 ・日経アーキテクチャ）松浦隆幸・発行：日経 BP 社・ 2005 年 12 月

ELV-2.　「地震時のエレベーターの安全性－使用者の立場で考える－」（建設フォーラム：美しい日本 2005-オフィスビルトラック-：テキスト）JASO 理事矢野克巳・ 2005 年 11 月

ELV-3.　「新潟中越地震におけるエレベーターの被害状況」（建築設備＆昇降機誌：No.55 p.19）(社)日本エレベーター協会・発行：(財)建築設備・昇降機センター・ 2005 年 5 月

ELV-4.　「昇降機技術基準の解説（付：昇降機耐震設計・施工指針）2002 年版」発行：国土交通省住宅局建築指導課・(財)日本建築設備・昇降機センター・(財)日本エレベータ協会・ 2002 年

ELV-5.　「建築設備・昇降機耐震診断及び改修指針」発行：(財)日本建築設備・昇降機センター・ 1996 年 4 月

ELV-6.　「エレベーター耐震設計書（ロープ式エレベーター）JEAS － A1023」発行：(社)日本エレベータ協会・ 2000 年 6 月改正

ELV-7.　「千葉県北西部地震を契機とする昇降機の地震対応強化策検討」（建築設備と昇降機誌： No.61 p.34 ～ p.42）・碓井安秋・発行：(財)建築設備・昇降機センター・ 2006 年 5 月

ELV-8.　「トータルビルシステム事業の舞台裏：大規模地震時も想定したエレベーター復旧総合対応体制」（1194（ICHI ICHI KYU YON）2007 冬号 VOL.115 ・発行：三菱電機ビルテクノサービス(株)・ 2007 年 1 月

著作权合同登记图字：01-2008-4307号

图书在版编目（CIP）数据

建筑抗震·设备抗震问答/（日）建筑抗震研究会编；陶新中译．—北京：中国建筑工业出版社，2009
ISBN 978-7-112-10797-1

I.建… II.①建…②陶… III.①建筑结构-抗震设计-问答②房屋建筑设备-建筑安装工程-抗震设计-问答 IV.TU352.104-44 TU894-44

中国版本图书馆CIP数据核字（2009）第031506号

Original Japanese edition
Kangaekata·Susumekata Kenchiku Taishin·Setsubitaishin
by Norio Andou. Masanori Iwaki,Toshiaki Kiuchi, Hiroshi Koyama. Toshiyuki Suzuki Masao Seya, Masahiro Hirayama. Sakio Horio, Kunio Mizukami

责任编辑：白玉美 刘文昕
责任设计：郑秋菊
责任校对：李志立 陈晶晶

建筑抗震·设备抗震问答
[日]建筑抗震研究会 编
陶新中 译
董新生 校
*
中国建筑工业出版社出版、发行（北京西郊百万庄）
各地新华书店、建筑书店经销
北京嘉泰利德公司制版
北京云浩印刷有限责任公司印刷
*
开本：880×1230毫米 1/32 印张：$7\frac{1}{8}$ 字数：230千字
2009年7月第一版 2009年7月第一次印刷
定价：26.00元
ISBN 978-7-112-10797-1
(18030)